图灵教育

站在巨人的肩上

Standing on the Shoulders of Giants

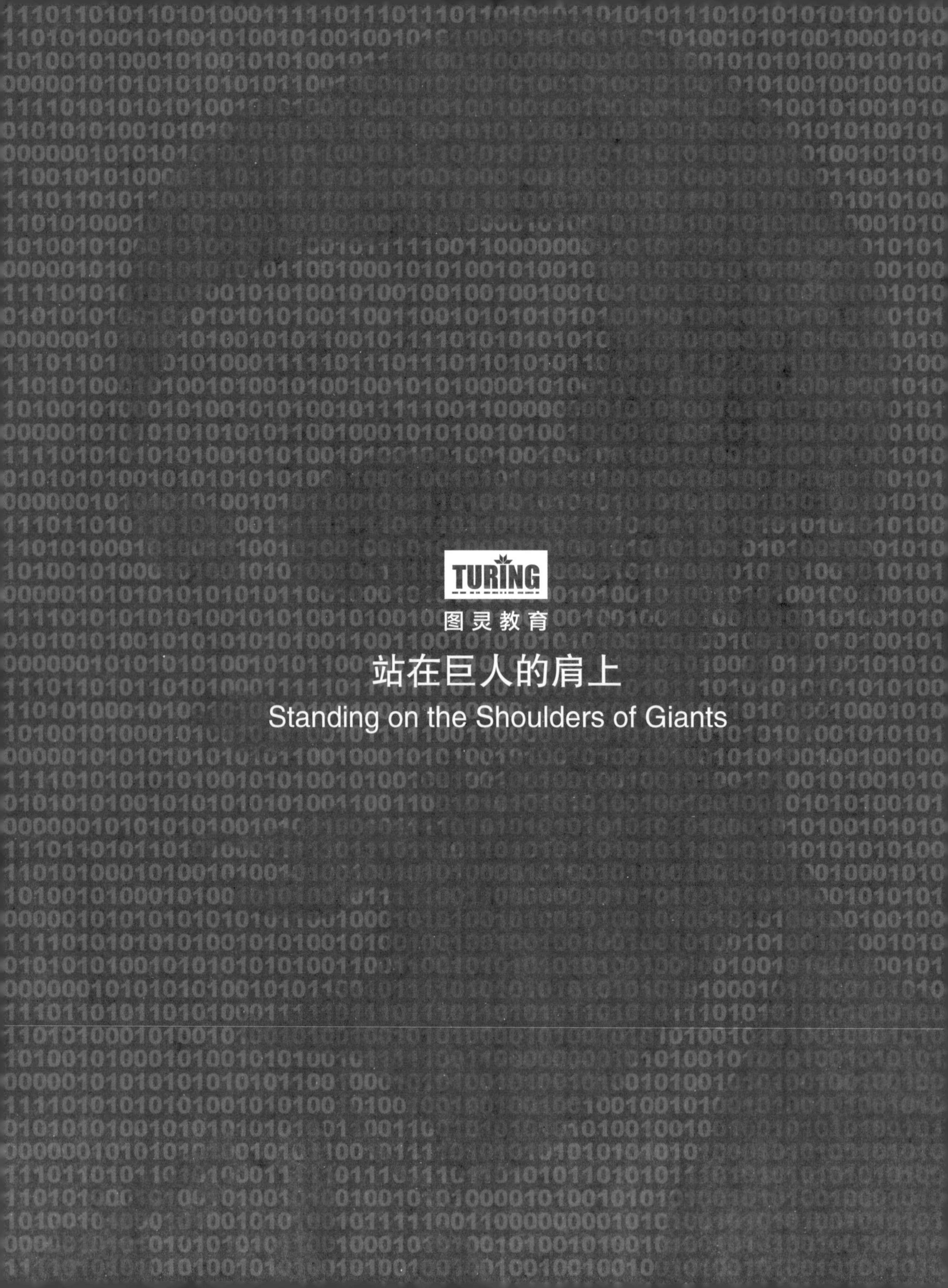
TURING
图灵教育
站在巨人的肩上
Standing on the Shoulders of Giants

TURING 图灵程序设计丛书

A Practical Guide to Continuous Delivery

持续交付实战

[德] 埃伯哈德·沃尔夫（Eberhard Wolff）◎著
夏雪 ◎译

人民邮电出版社
北京

图书在版编目（CIP）数据

持续交付实战 / （德）埃伯哈德·沃尔夫
(Eberhard Wolff) 著 ; 夏雪译. -- 北京 : 人民邮电出
版社, 2020.5
（图灵程序设计丛书）
ISBN 978-7-115-53421-7

Ⅰ. ①持… Ⅱ. ①埃… ②夏… Ⅲ. ①软件工程
Ⅳ. ①TP311.5

中国版本图书馆CIP数据核字(2020)第043288号

内 容 提 要

本书是持续交付实战指南，具体内容包括：持续交付能够解决的问题以及它具体如何解决问题，PaaS 云解决方案，用 Gradle、Maven 和 Jenkins 实现自动化构建和持续集成，用 SonarQube 执行静态代码，如何通过容量测试确保性能，探索式测试的新特性和问题，在生产环境中发布版本和运行应用程序，等等。

本书适合想要引入持续交付和 DevOps 的经理、架构师、开发人员和管理员阅读。

◆ 著　　　　[德] 埃伯哈德·沃尔夫
　译　　　　夏　雪
　责任编辑　张海艳
　责任印制　周昇亮

◆ 人民邮电出版社出版发行　　北京市丰台区成寿寺路11号
　邮编　100164　　电子邮件　315@ptpress.com.cn
　网址　http://www.ptpress.com.cn
　北京鑫正大印刷有限公司印刷

◆ 开本：800×1000　1/16
　印张：11.75
　字数：278千字　　　　2020年 5 月第 1 版
　印数：1 – 3 500册　　2020年 5 月北京第 1 次印刷

著作权合同登记号　图字：01-2017-7160号

定价：59.00元

读者服务热线：(010)51095183转600　印装质量热线：(010)81055316

反盗版热线：(010)81055315

广告经营许可证：京东工商广登字 20170147 号

版权声明

感谢家人和朋友们的支持。

感谢计算社区带给我的所有快乐。

前　　言

定义与概述

持续交付使软件能够比以前更快、更可靠地投入使用。这些改进的基础是一条持续交付流水线，它在很大程度上使软件的发布过程自动化，形成一个可重复、低风险的新版本发布过程。

> "持续交付"一词从何而来？
>
> 敏捷宣言是这样陈述的："我们的首要目标是，尽早交付并持续交付有价值的软件，并让客户满意。"
>
> 因此，持续交付是一项敏捷技术。

本书介绍了如何在实际工作中构建这样的流水线，以及会用到哪些技术。其关注点不仅仅是软件的编译和安装，还包括确保高质量软件所需的各种测试。

同时，本书以实例说明了持续交付在 DevOps 环境中对开发和运维之间的相互作用的影响，并阐述了它对软件架构的影响。本书不仅讨论了持续交付背后的理论，还介绍了它所涉及的技术栈，包括构建、持续集成、负载测试、验收测试和监控。本书针对每项技术都提供了示例项目，以帮助读者获得实践经验。虽然本书只是大致介绍技术栈，但也特别强调了如何在不同的主题上获得更加全面的知识，还针对实验和实操给出了建议。按照以上方式，读者可以在指导下一边学习所讲的主题，一边完成开发实践。书中的示例项目既可以用于独立实验，也可以用于构建持续交付流水线。

本书网站中含有更多详细信息、勘误表[1]和示例链接，网站地址为 http://continuous-delivery-book.com。

为什么要使用持续交付

为什么要使用持续交付呢？让我们用一则小故事来回答这个问题。当然，故事的真实性是另外一回事。

---

① 本书中文版勘误请到 http://ituring.cn/book/2446 查看和提交。——编者注

一则小故事

某个企业（我们姑且称之为“大财团在线商务公司”）的市场部，决定修改其电子商务网站的注册流程，目的是吸引更多的客户，从而增加销量。于是，一组开发人员随即着手实现。不一会儿，这个小组就完成了任务。

首先，所有变更必须经过测试。为了测试，大财团在线商务公司历经千辛万苦终于搭建了一个测试环境。软件必须在这个测试环境中接受手动测试。倒霉的是，测试竟然发现了一些错误。但此时，开发人员已经在进行下一个项目了，他们必须先重新熟悉旧项目，然后才能修复错误。此外，因为进行的是手动测试，所以有些“错误”其实是由测试人员造成的，他们没有按正确的方式测试。还有一些“错误”出于某些原因而无法重现。

接下来，需要将代码部署到生产环境中。经过多年的发展，大财团在线商务公司的电子商务网站已经变得非常复杂了，所以部署新版本要执行非常复杂的流程。一次部署只交付一个特性太不划算了，因此按计划每个月只部署一次。毕竟，这个注册流程的变更可以和上个月所做的其他变更一起发布。因此，团队为所有变更的部署预留出一个晚上。然而，在发布过程中出错了。开发团队开始分析问题，但事实证明，问题没那么简单，结果到了第二天早上系统仍然无法使用。此时，开发人员已经疲惫不堪，而且承受着巨大的压力，因为系统失效的每一分钟都会造成经济损失。由于部署中的一些修改无法轻易撤销，因此不能回退到旧版本。特别工作组经过一整天全面的错误分析，终于解决了这个问题，使网站恢复使用了。原来，在测试环境中曾经修改过一项配置，但是在部署生产环境时忘了修改。

现在，万事大吉了吗？并没有，有个错误从一开始就被忽略了。这个错误本应该在手动测试时就被找出来，但检测这个错误的测试并没有显示异常。问题在于，测试期间修复过一些错误，而这个测试只在做这些修复之前执行过。恰巧，这个错误正是因为其中一个修复造成的，由于在这次修复之后没有重新执行测试，就把错误遗留到了生产环境。

结果，第二天才偶然发现，网站的注册功能根本用不了。直到一个潜在客户打电话投诉，大家才意识到这个问题。糟糕的是，此时不知道因为这个错误已经错失了多少潜在客户，网站根本就没统计这个数据。在这次注册流程优化后，不知道多久才能把这些损失弥补回来。而且，优化后的注册数很有可能并没有像预计的那样增加，反而减少了。除此之外，这个新版本还特别慢，这种情况也没有人预料到。

于是，大财团在线商务公司开始了下一轮优化和功能的实现，希望在下个月再推出一个新版本。那么，有什么方法可以改善这次部署吗？

持续交付的作用

持续交付能够通过以下措施来解决上述问题。

- 更频繁地部署——达到每天几次，让用户更快用上新特性。
- 频繁地部署还能让新特性和代码修改得到更快的反馈，开发人员不必去回忆一个月前实现的特性。
- 为了能够更快地部署，测试环境的搭建和测试必须在很大程度上实现自动化，否则工作量就太大了。
- 自动化带来可重复性：一旦成功搭建了测试环境，就可以使用相同的自动化方式来构建生产环境，它们实际上用的是相同的配置。因此，不会出现由生产环境配置错误导致的问题。
- 自动化带来了更大的灵活性，可以按需搭建测试环境。例如，某个时间段为了营销重新设计了用户界面，那就可以为此搭建一个单独的测试环境。此外，进行全面的负载测试时，可以生成一个类似于生产环境的额外环境。在测试之后，可以销毁这个环境，这样就不需要对硬件进行永久性投资了（例如，使用云计算）。
- 自动化测试更易于重现错误。因为每个测试执行的步骤完全相同，所以发现的错误与测试的运行无关。
- 如果测试实现了自动化，那么可以更频繁地运行它们，而无须做额外的工作。因此，可以让所有修复都经过完整的测试，这样注册流程中的那个错误就不会在投入使用后才被发现了。
- 在向生产环境部署代码时，采取一定的措施，使系统在必要时能够轻松地回退到旧版本。这可以进一步降低与新版本相关的风险，并避免故事中提到的那次生产事故。
- 最后，应用程序应该基于领域进行监控，这样像注册之类的流程一旦发生故障就会有人注意到。

总之，持续交付为业务提供了能够更快应用的新特性和更可靠的 IT 系统。可靠性的提升对开发人员自己也有好处，因为谁也不想在晚上或周末高度紧张地发布新版本和修复新出现的错误，这样的日子了无生趣。此外，对于 IT 系统和企业来说，在测试过程中就检测到错误，肯定好于在生产环境中暴露错误。

实现持续交付的技术和技巧有很多。持续交付会影响方方面面，甚至会影响应用程序的架构。这些就是本书要讨论的主题。本书旨在创建一个可以快速、可靠地交付软件的过程。

目标读者

本书适合想要引入持续交付和 DevOps 的经理、架构师、开发人员和管理员阅读。

- 在本书的理论部分，经理将了解持续交付背后的流程，以及它对企业的要求及其优势。此外，他们还将学会评估持续交付的技术影响。
- 在本书的技术部分，开发人员和管理员将全面学习实现持续交付和构建持续交付流水线所需的技能。

- 除了技术方面，架构师还可以了解到持续交付对软件架构的影响，详见第 11 章。

本书将介绍实现持续交付的各种技术。我们将以一个 Java 项目为例。在某些技术领域（例如验收测试的实现），有一些使用其他编程语言实现的技术。本书在这些上下文中会提到替代方案，但仍以 Java 为主。自动分配基础设施的技术与使用的编程语言无关。本书特别适合 Java 领域的读者，而使用其他技术的读者可能需要自己举一反三。

本书结构

本书由三部分组成。第一部分介绍持续交付的基础知识。

- 第 1 章“持续交付：是什么和怎么做”，介绍“持续交付”这个术语，并解释持续交付解决了哪些问题以及如何解决这些问题，还对持续交付流水线进行了初次介绍。
- 持续交付需要自动部署基础设施，因为无论如何软件都是要安装到服务器上的。第 2 章“提供基础设施”，介绍自动部署基础设施的方法：Chef 用于自动化安装；Vagrant 用于在开发人员的机器上搭建测试环境；Docker 不仅是一个非常有效的虚拟化解决方案，而且可以用于软件的自动化安装。第一部分的最后概述了将 PaaS（平台即服务）云解决方案用于持续交付的方法。

第二部分详细描述持续交付流水线的不同组件。在介绍完概念之后，列举了一些具体的技术，可以应用这些技术来实现流水线中的各个部分。

- 第 3 章“构建自动化和持续集成”，由 Bastian Spanneberg 编写，重点介绍提交新软件版本过程中的相关内容。这一章介绍 Gradle 和 Maven 之类的构建工具，概述单元测试，讨论与 Jenkins 的持续集成，并介绍使用 SonarQube 进行静态代码检查以及 Nexus 和 Artifactory 之类的存储库。
- 第 4 章“验收测试”，介绍 JBehave 和 Selenium，它们可以用于基于图形用户界面的自动化验收测试和文本化验收测试。
- 第 5 章“容量测试”，通过容量测试介绍性能。这一章以 Gatling 作为示例技术介绍容量测试。
- 第 6 章“探索式测试”，介绍探索式测试，这种测试方式用于手动检查应用程序中的新特性和普通问题。

以上各章讨论了持续交付流水线的起始阶段，这些阶段会对软件开发产生主要影响。以下各章重点介绍在持续交付流水线中贴近生产环境的阶段使用的技术和技巧。

- 第 7 章“部署：在生产环境中发布版本”，描述在生产环境中发布软件的过程中尽可能降低风险的方法。
- 在应用程序的运维期间，可以收集各种数据以获得反馈。第 8 章“运维”，介绍辅助收集和分析数据的技术：用于分析日志文件的 ELK（Elasticsearch、Logstash、Kibana）Stack 和用于监控的 Graphite。

本书为这些章节中所述的各种技术提供了一些示例，读者可以在自己的计算机上进行尝试和实验，获得实际的操作经验。由于基础设施是自动化的，因此很容易在自己的计算机上运行这些示例。

最后要回答的问题是：如何引入持续交付？它有什么影响？本书的第三部分对此展开了讨论。

- 第 9 章"引入持续交付"，介绍如何在组织中引入持续交付。
- 第 10 章"持续交付和 DevOps"，介绍将开发（Dev）和运维（Ops）合并为一个组织单元（DevOps）。
- 第 11 章"持续交付、DevOps 和软件架构"，讨论持续交付对应用程序的架构的影响。
- 第 12 章"总结：收益是什么"，对本书进行了总结。

阅读路径

不同读者的阅读路径可能有所不同，建议读者按照各自的需求来安排阅读顺序（如图 P-1 所示）。第 1 章是所有读者都应该阅读的，这一章阐明了持续交付的基本术语，并讨论了持续交付的动机。

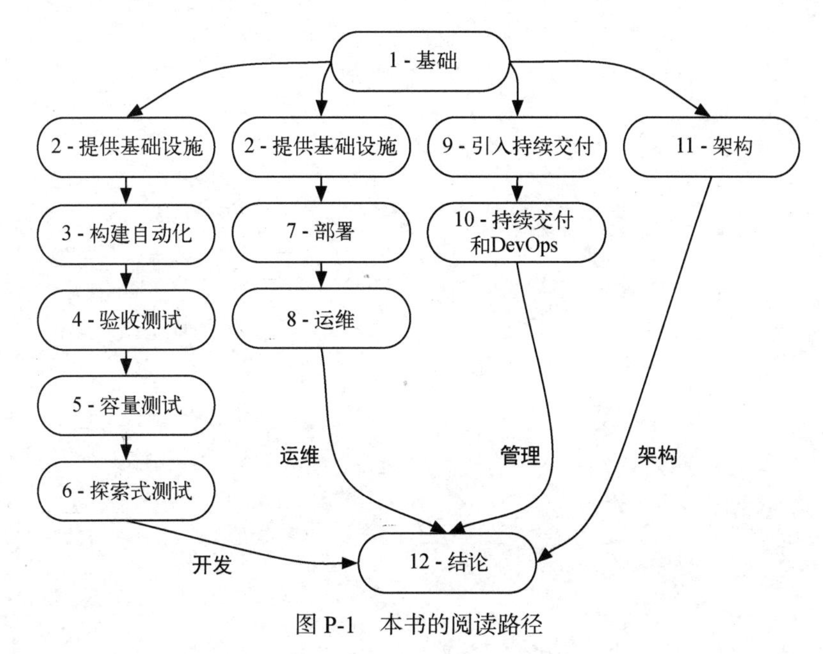

图 P-1　本书的阅读路径

各章的重点如下。

- 开发人员对于涉及提交和测试的章节更感兴趣。除了开发，这些章节还讨论了质量保证和构建，并且展示了持续交付对这些工作的影响。此外，它们还提供了来自 Java 领域的具体代码和技术示例。

- 管理员和运维人员尤其需要了解部署、基础设施分配和运维等主题，这些领域也会受到持续交付的影响。
- 从管理的角度来看，“引入持续交付”和“持续交付与 DevOps 之间的关系”是最重要的信息。第 9 章和第 10 章介绍了持续交付对组织的影响。
- 架构师必须有开阔的视野。探讨软件架构的第 11 章无疑是他们的主要关注点；然而，由于他们通常还对技术细节和管理视角感兴趣，因此可能还需要读一读与这些主题相关的章节。
- 最后，专门用一章对本书进行了总结。

说明

请在 informit.com 上注册本书，以便获取可下载的内容、更新内容以及勘误。若要注册，请访问 informit.com/register，登录或创建一个账户。然后输入产品 ISBN “9780134691473”，点击“Submit”。完成这一流程之后，即可在“Registered Products”下找到所有附加内容。

致　　谢

我要感谢 Bastian Spanneberg 为本书做出的贡献。感谢各位审阅人针对本书提出了很多宝贵意见，他们是 Marcel Birkner、Lars Gentsch、Halil-Cem Gürsoy、Felix Müller、Sascha Möllering 和 Alexander Papaspyrou。感谢我的朋友们和同事们，正是与他们的多次讨论催生出了许多的想法和思路。

还要感谢我的公司 innoQ。

感谢我的父母和亲人，我在撰写本书时经常忽视他们。尤其要感谢我的妻子，她为我翻译了这版英文版。

当然，我还要感谢那些技术创新者们，是他们为大家带来了本书中提到的那些技术，从而使持续交付成为可能。

最后，我想感谢 dpunkt.verlag 和 René Schönfeldt，在本书德语版的创作过程中，他们提供了非常专业的支持。

Addison-Wesley 为我提供了出版英文版的机会。Chris Zahn、Chris Guzikowski、Lori Lyons、Dhayanidhi Karunanidhi 和 Larry Sulky 在整个过程中提供了大力支持。

目　录

第一部分　基础

第二部分 持续交付流水线

第三部分　持续交付的管理、组织和架构

第一部分

基　　础

这一部分将详细介绍持续交付的基础知识。

- 第 1 章介绍持续交付的基础知识。
- 第 2 章解释持续交付的技术基础，讨论基础设施的自动化部署和软件的自动化安装。

第 1 章

持续交付：是什么和怎么做

1.1 什么是持续交付

这个问题可不太容易回答，就连“持续交付”这个术语的发明者也没有给出一个真正的定义。[①] Martin Fowler 在关于持续交付的讨论中重点阐述了这样一个事实：软件可以随时发布到生产环境。这需要将软件安装过程自动化，并对软件质量做出相关反馈。维基百科则将“持续交付”定义为软件发布过程的优化和自动化。

持续交付的主要目标是分析和优化整个软件发布过程。确切地说，这个过程经常隐含在开发过程中。

1.2 为什么软件发布如此复杂

软件发布是一项挑战，很可能每个 IT 部门都曾在周末加班加点，为的是将软件发布到生产环境中。结果往往是软件的确被发布到了生产环境中，但这是因为回退到旧版本甚至比发布新版本风险更大，也更困难。然而，新版本在安装之后通常要经历一个非常漫长的阶段才能稳定下来。

1.2.1 持续集成带来希望

如今的挑战是向生产环境发布软件，而曾几何时，问题在更早的阶段就已暴露出来。每个团队独立负责自己的模块，在发布之前，必须先集成不同的版本。当这些模块第一次集成在一起时，系统常常无法编译，通常需要几天甚至几周的时间才能成功地集成和编译所有变更。之后，才能开始部署。如今，这些问题基本上已经得到解决：所有团队都在共享的代码版本上开展工作，这些代码一直保持自动地集成、编译和测试。这种方法称为持续集成。第 3 章会详细介绍持续集成所需的基础设施。事实上，上述问题的解决为我们带来了希望：在软件发布过程的其他阶段中出现的问题也将得到解决。

① 详见由 Jez Humble 和 David Farley 合著的《持续交付：发布可靠软件的系统方法》。中译本已由人民邮电出版社出版，详见 http://ituring.cn/book/758。——编者注

1.2.2 过程缓慢且有风险

后面的阶段通常十分复杂和精细。此外，手动操作的步骤非常烦琐且容易出错。不仅发布阶段如此，前面的阶段也是如此，比如测试阶段。特别是在手动流程中，那些每年只执行几次的手动操作更加糟糕，它们很可能会出现错误。这当然会增加整个过程的风险。

正是因为这样的高风险性和复杂性，软件版本发布到生产环境中的频率很低。最终，由于缺乏实践，整个过程会花费更长的时间。此外，这还使得流程优化变得很难。

1.2.3 变快是有可能的

在某些紧急情况下需要将软件迅速发布到生产环境，例如，必须紧急修复错误。然而，此时所有的测试和据此设立的所有安全网都被省略了，它们本来是标准过程的组成部分。当然，这得冒相当高的风险，无论如何都应该正常运行这些测试。

因此，向生产环境发布软件的正常路径缓慢且具有风险，而紧急情况下的发布路径虽然可能更快，但代价是风险更大。

1.3 持续交付的价值

我们希望利用持续集成的动机和方法，优化向生产环境发布软件的方式。

持续集成的一个基本原则是："如果一件事会触及你的痛处，就更频繁地去做这件事，让疼痛来得更早一些。"这听起来像是受虐狂的做法，但实际上正是一种解决问题的方法。与其通过尽量减少版本发布来避免发布的问题，不如更频繁、更早地执行这些流程，以尽快优化速度和可靠性。因此，持续交付迫使组织转变观念，并采用新的工作方式。

说到底，这种方法并不新鲜：如前所述，每个 IT 组织都能够将修复后的版本快速发布到生产环境，这通常只需要执行一小部分常规测试和安全检查。这完全行得通，因为改动量很小，所以相应的风险也很小。此时，很容易想到另一种最小化风险的方法：将小的变更更频繁地发布到生产环境，而不是试图通过复杂的流程和减少版本发布来防止失败。本质上，这种方法与持续集成相同。持续集成的意思是，即使个人开发者和团队开发的再小的软件变更也是一直在集成的，而不是让团队和开发人员各自工作数日甚至数周，到了最后再集成所有积累的变更。后者常常会导致大量的问题；在某些情况下，问题会非常严重，以至于软件根本就无法编译。

但是，持续交付的特点不仅仅是"快和小"。持续交付基于的是不同的价值观。从这些价值观出发，可以推导出具体的技术措施。

1.3.1 规律性

规律性意味着更频繁地执行流程。将软件发布到生产环境中的所有必要流程都应该定期执行，而不只是在必须发布某个版本时才执行。例如，搭建测试环境和准生产环境是很有必要的，测试环境可用于验收测试或技术性测试，准生产环境则可用于由最终客户测试和评估新版本的特性。通过提供这些环境，生成环境的流程就可以转变为常规的流程，而不仅仅是在必须搭建生产环境时才执行。如果想不投入太多的工作量就生成诸多环境，就必须在很大程度上实现流程的自动化。规律性通常会带来自动化。类似的规则也适用于测试：推迟到发布之前才进行必要的测试是没有意义的，相反，应该定期执行。在这种情况下，实现自动化可以尽量减少所需的工作量。规律性还会带来高度的可靠性，频繁执行的流程可以可靠地重复和执行。

1.3.2　可追溯性

所有期望发布到生产环境中的软件变更，以及对基础设施的变更，都必须是可追溯的。软件和基础设施的每个状态都必须可重现。所以，版本控制的范围不应仅局限于软件，还应包括必需的环境。理想情况下，可以根据运维的需要在正确的配置中生成软件以及环境的每个状态，从而使软件和环境的所有变更都可以追溯。同样，也可以很容易地生成一个用于分析错误的配套系统。最后，还可以用这种方式记录或审计变更。

对此，有一个解决方案可供选择：只允许特定的人员访问生产环境和准生产环境。这样做是为了避免既没有文档记录也无法追溯的“快速修复”。此外，出于安全性需求和数据安全性的考虑，也不允许访问生产环境。

通过持续交付，只有更改了安装脚本才可能对环境进行干预。如果脚本被保存到了版本控制系统中，那么就可以追溯到它们的变更。连脚本的开发人员也无法访问生产数据，因此数据安全性得到了保障。

1.3.3　退化

为了尽可能降低将软件发布到生产环境中的风险，必须对软件进行测试。可以肯定的是，在测试期间必须确保新特性能够正确运作。然而，为了避免退化（即因为修改已经测试过的软件而出现错误）需要做很多工作。这其实就要求在进行修改时要重新运行所有的测试，因为系统一个位置的修改可能会导致其他位置出现错误。这需要自动化测试，否则，执行测试将耗费大量的精力。即使错误流入生产环境，仍然可以通过监控发现它。理想情况下，可以尽可能简单地在生产环境中安装没有错误的旧版本（回滚），或者将修复快速地发布到生产环境（前滚）。最终的想法是建立一种早期预警系统，在项目的不同阶段（比如测试阶段和生产阶段）采取不同的措施发现和解决退化问题。

1.4　持续交付的优势

持续交付具有很多优势。在不同的场景下，各种优势的重要性也不尽相同，这将影响如何实现持续交付。

1.4.1 持续交付可加快上市速度

持续交付缩短了将变更发布到生产环境所需的时间。这会为业务端带来巨大的优势：更容易响应市场变化。

持续交付带来的优势还不仅仅是更快上市。像精益创业[①]之类的现代方法提倡的是一种通过更快的上市速度获得更多收益的策略。精益创业的重点是基于市场定位产品，以尽可能少的投入评估产品在市场上的机会。就像进行科学试验一样，预先定义如何衡量产品在市场上的成功，然后开展试验，最后衡量产品成功与否。

1.4.2 示例

来看一个具体的例子。某家在线商店想增加一个新特性：可以在指定的日期送货。作为这个新特性的第一个试验，我们采取广告宣传的方式。广告中链接的点击量可以作为试验结果的度量指标。这时还没有进行任何软件开发，也就是说，还没有实现该特性。如果这个试验没有得到预期的结果，那么说明这个特性不会带来多大的收益，可以考虑把其他特性的优先级排在它前面。这个试验并没有投入太多的精力。

1.4.3 实现特性并将其发布到生产环境

如果试验成功，那么该特性将被实现并发布到生产环境。甚至这一步也可以像做试验一样进行。度量指标有助于管控特性的成功。例如，可以计算固定送货日期的订单数量。

1.4.4 下一个特性

对指标的分析显示，订单数量已经足够多了，有趣的是，大多数订单不是直接发给客户，而是发给了第三方。进一步度量发现，订购的物品明显是生日礼物。基于这些数据，可以扩展这个特性，例如添加生日日历并推荐合适的生日礼物。当然，这需要设计、实现、发布，并最终对成功与否进行评估。在还没有做任何实现时，也可以通过广告、客户访谈、调查或其他方法来评估这些特性的市场潜力。

1.4.5 持续交付能带来竞争优势

持续交付使得将所需的软件变更更快地发布到生产环境成为可能。如此，企业能够更快地验证不同的想法，并进一步开发业务模型。于是这带来了竞争优势：因为可以评估的想法更多了，所以更容易筛选出其中正确的想法。而且，这不是基于对市场机会的主观臆测，而是基于客观数据，如图 1-1 所示。

---

① 详见由 Eric Ries 所著的《精益创业：新创企业的成长思维》。

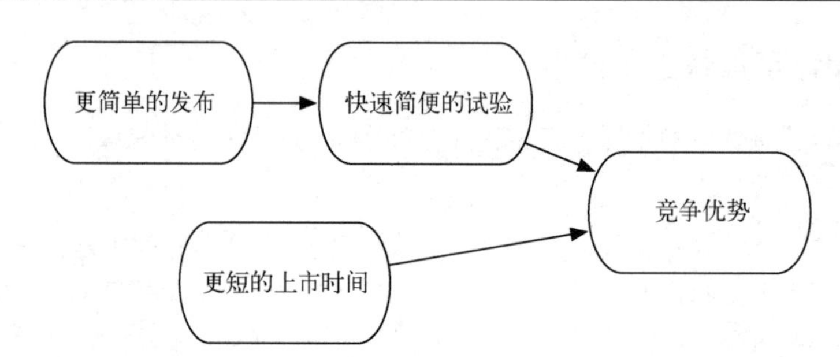

图 1-1　初创公司采用持续交付的理由

1.4.6　如果没有持续交付

如果没有持续交付，固定送货日期的特性将会按部就班地计划在下一个版本中发布，总共可能需要几个月的时间。在发布之前，市场营销部门甚至不敢为这个特性做广告，因为到下一个版本发布还有很长的一段时间，在这段时间内做任何广告都是徒劳。如果这个特性最终证明是不成功的，那么实现它只是带来了高昂的成本，而没有任何收益。在经典方法中，当然也可以评估新特性成功与否，但是反应会慢得多。下一步的开发（例如支持购买生日礼物的特性），将在很长一段时间后才能投入使用，因为这需要重新把软件发布到生产环境，再一次经历那漫长的发布过程。此外，该特性的表现能否得到足够细致的分析，从而对其市场潜力获得充分的认识，这仍然值得怀疑。

1.4.7　持续交付和精益创业

得益于持续交付，可以更快地完成优化周期，因为每个特性在任何时候都可以发布到生产环境。这使像精益创业之类的方法成为可能。这影响了业务端的工作方式：它必须更快地定义新特性——不再需要关注长期规划，而是能够对当前试验的结果立即做出反应。在初创企业中这很容易做到，但传统组织也可以建立这样的业务方式。然而，精益创业这个名称有些误导性：它是一种通过一系列试验在市场上定位新产品的方法，传统企业当然可以应用这种方法，而不仅限于初创企业。当产品必须以传统方式交付时也可以使用它。例如，以 CD 为介质进行交付，与其他复杂的安装过程一起交付，或者作为其他产品（如机器）的一部分交付。在这种情况下，必须简化软件的安装，或者最好实现自动化。此外，还必须确定愿意测试新软件版本并提供反馈的客户范围，即传统的 Beta 测试人员或高级用户。

1.4.8　对开发过程的影响

持续交付会影响软件开发过程：如果应该将单个特性发布到生产环境，那么流程就必须对此提供支持。有些流程要使用长达一个或几个星期的迭代，在每次迭代的末期，会在生产环境中发布一个包含几个特性的新版本。对于持续交付来说，这不是一种理想的方式，因为这种方式无法单独发布单个特性。这也为精益创业带来了障碍：如果同时推出多个特性，那么它们与度量结果的相关性就不明显了。假设同时发布了固定送货日期的特性与对运输成本的变更，将无法区分这两个变更中的哪一个对商品销量的影响更大。

因此，Scrum、XP（极限编程）、瀑布式流程等流程是有缺陷的，它们总是将几个特性合在一起发布。相反，看板[①]关注的是经历不同阶段将单个特性发布到生产环境中。这非常贴合持续交付。当然，也可以修改其他的流程，以支持单个特性的交付。然而，这样流程就经过了调整，不再一成不变地实现。还可以一开始就停掉那些额外的特性，以便在一个版本中将多个特性组合到一起发布，但仍然能够分别度量它们的效果。

最后特别要说的是，这种方式还意味着团队包含多个角色。除了特性的开发和运维之外，还有业务端的角色，比如市场营销。由于减少了组织结构上的障碍，来自业务端的反馈可以更快地转化为试验。

尝试和实验

- 收集精益创业和看板的相关信息。看板最初源自哪里？

  选择一个你了解的项目或者项目中的一个特性。
- 最小的产品应该是什么样的？最小的产品应该体现出所规划的完整产品的市场机会。
- 没有软件也可以评估产品吗？例如，能做广告吗？是否可以选择对潜在用户做个采访？
- 如何衡量该特性是否成功？例如，是否会影响销量、点击量或其他可测量的值？
- 市场营销和销售通常提前多长时间来规划产品或特性？这在多大程度上契合了精益创业的理念？

1.4.9 最小化风险

如上一节所述，持续交付应结合特定的业务模型进行使用。然而，对于传统企业来说，业务往往依赖于长期的规划。在这种情况下，就无法实现像精益创业这样的方法。此外，上市时间对于很多企业来说不是决定性因素，并非所有市场都存在这方面的竞争压力。当然，如果这些公司突然面临竞争对手，而这些竞争对手能够以精益创业的模式打入市场，情况就会发生变化了。

在许多情况下，上市时间并不能激励引入持续交付。尽管如此，这些技术仍然很有用，因为持续交付还能带来其他好处。

- 手动发布的工作量很大。为了发布，整个 IT 部门往往整个周末都处于待命状态，这种情况早已司空见惯了。而且发布之后，通常还有大量的后续工作要做。

① 详见由 David J. Anderson 所著的《看板方法：科技企业渐进变革成功之道》。

- 手动发布的风险也很高。依赖于诸多手动修改的软件发布很容易产生错误。而如果错误没有及时发现并修复，会对企业产生深远的影响。

在 IT 部门，经常有开发人员和系统管理员在周末和晚上加班，为的是将版本发布到生产环境，以及修复发现的错误。除了长时间的工作，他们还承受着巨大的压力，因为风险太大了。可别低估了风险，例如，骑士资本（Knight Capital）因为软件发布事故亏损了 4.4 亿美元，最终这家公司破产了。这样的场景可以引发很多思考，最典型的问题是：事故为什么会发生？为什么没有及时发现问题？在其他环境中如何预防此类事件的发生？

持续交付可以作为一种解决方案：持续交付的宗旨即提供更加可靠、质量更高的发布过程。这样，开发人员和系统管理员就可以真正地高枕无忧。下面列出了与此有关的各种因素。

- 由于发布过程的自动化程度更高，结果更容易重现。因此，如果软件已经在测试环境或准生产环境中部署和测试，那么就会在生产环境获得完全相同的结果，因为环境是完全相同的。这在很大程度上消除了错误的来源，从而降低了风险。
- 软件测试变得更容易了，因为测试在很大程度上实现了自动化。这进一步提高了质量，因为可以更频繁地执行测试了。
- 频繁部署同样会降低风险，因为每次部署只对生产环境做很少的改动。显然，改动越少，引入错误的风险就越低。

在某种程度上，这种情况是矛盾的。一方面，传统的 IT 试图尽可能减少发布次数，因为发布往往伴随着很高的风险。在每个发布过程中，都可能出现一个会带来灾难性后果的错误。因此，发布的版本越少，导致的问题就会越少。

而另一方面，持续交付提倡的是频繁发布。在这种情况下，每次发布中所做的改动会更少，这也降低了错误发生的概率。自动化和可靠的流程是这个策略的先决条件，否则，频繁的发布会让执行手动流程的技术人员疲于奔命。而且手动流程更容易出错，因此会增加风险。传统 IT 的做法旨在保持低发布频率、自动化相关的流程，以减少与发布相关的风险。与之相比，持续交付有一个额外的优势——提高发布频率，让每次发布只包含很少的改动，从而降低出错的风险。

在此，持续交付的动机（如图 1-2 所示）与精益创业有很大的不同：其关注点是发布的可靠性和更高的技术质量，而不是按时上市；而且受益者是 IT 部门，而不仅仅是业务领域。

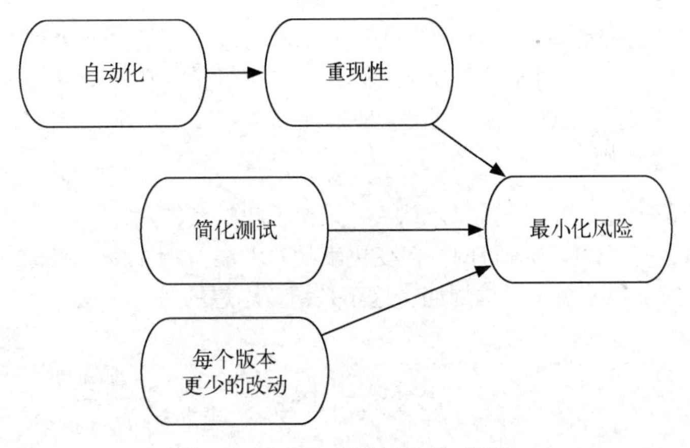

图 1-2 企业应用持续交付的理由

因为优势不同，所以可以做出不同的妥协。例如，在持续交付流水线上投入通常是值得的，即使它不能最终扩展到生产环境（即仍然需要手动构建生产环境）。虽然每次发布最终只需要构建一次生产环境，但是不同的测试需要多个环境。然而，如果上市时间是持续交付的主要动机，那么流水线就必须包括生产环境的发布。

尝试和实验

看看你目前的项目。

- 在安装过程中，通常哪里会出现问题？
- 这些问题可以通过自动化解决吗？
- 如何简化当前的方法，以便于自动化和优化？需要评估所需的工作量和预期的效益。
- 目前生产系统和测试系统是如何构建的？是由同一个团队构建的吗？应该将自动化应用于这两个环境，还是仅应用于其中一个？
- 自动化对哪些系统有用？系统多久构建一次？

1.4.10 更快的反馈和精益

当开发人员修改代码时，他会从自己的测试、集成测试、性能测试以及最后的生产环境中获得反馈。如果每个季度只发布一次变更，那么从代码修改到从生产环境中获得反馈，需要间隔几个月的时间。对于验收测试或性能测试也是如此。如果出现错误，开发人员必须回忆他几个月前实现了什么，以及可能存在的问题。

持续交付能加快反馈周期：每次代码通过流水线时，开发人员和整个团队都会收到反馈。每次变更之后都可以运行自动化的验收测试和容量测试。这使得开发人员和开发团队能够更快地发现和修复错误。通过加快测试（比如单元测试）速度，或者先进行广泛的测试再进行深入的测试，可以进一步提升反馈的速度。这从一开始就确保了所有特性至少在简单情况下能正常工作，即所谓的“快乐路径”，从而可以更容易、更快速地发现基本错误。此外，应该从一开始就执行那些（根据经验可知）频繁失败的测试。

持续交付也符合精益思想。精益思想认为，只要客户没有付费，所做的一切都是浪费。在代码部署到生产环境之前，对代码进行的任何变更都是一种浪费，因为只有部署之后客户才愿意为其付费。此外，持续交付缩短了反馈周期，这正是精益思想的另一个观念。

尝试和实验

看看你目前的项目。

- 从代码更改
  - 到获得持续集成服务器的反馈经历了多久？
  - 到获得验收测试的反馈经历了多久？
  - 到获得性能/容量测试的反馈经历了多久？
  - 到部署到生产环境经历了多久？

1.5　持续交付流水线的生成及其结构

如前所述，持续交付将持续集成的方法扩展到了其他阶段。图1-3概述了这些阶段。

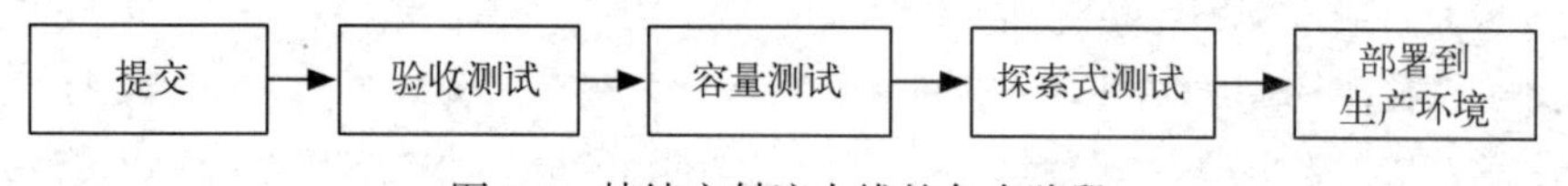

图1-3　持续交付流水线的各个阶段

本节将介绍持续交付环境的结构。本节借鉴了Humble等人的理论（见第2页脚注），将持续交付流水线分为以下几个阶段。

- 提交阶段，包括构建、单元测试和静态代码分析等活动，这些活动通常会涉及持续集成的基础设施。第3章将详细讨论流水线的这一部分。
- 验收测试（参见第4章），严格说来，应该是自动化测试：要么将与图形用户界面的交互自动化，以便测试系统，要么用一种自然语言来描述需求，使得这些需求可以用作自动化测试。从这个阶段开始，就必须要生成应用程序的运行环境了。第2章将讨论如何生成此类环境。
- 容量测试（参见第5章）的目标是确保软件能够应付预期的负载。为此，应该使用自动化测试来判断软件是否足够快。重点不仅包括性能，还包括可扩展性。因此，也可以在与生产环境不一致的环境中进行测试。但是，这个环境必须能够提供可靠的结果，反映出软件在生产环境的预期表现。根据具体的用例，还可以用自动化的方式测试其他非功能性需求，比如安全性。

- 在探索式测试（参见第6章）中，不再基于严格的测试计划来检查应用程序，而是由领域专家以新特性和未预料到的行为为重点测试应用程序。因此，即使在持续交付中，也不必自动化所有的测试。事实上，如果具有了大量的自动化测试，就可以将更多的精力放在探索式测试上，因为不再需要手动进行常规测试了。
- 部署到生产环境（参见第7章）仅仅是在另一个环境中安装应用程序，因此风险相对较低。有几种方法可以进一步降低发布到生产环境的相关风险。
- 在应用程序的运维阶段会遇到各种挑战，尤其是在日志文件的监测和监控方面。第8章将讨论这些挑战。

原则上，版本是被依次提交到各个阶段的。设想一下，一个版本到达了验收测试阶段，并通过了该阶段的测试，但是在容量测试阶段表现出过低的性能。在这种情况下，版本永远不会提交到探索式测试或部署到生产环境等阶段。因此，软件必须能满足不断增长的需求，才能发布到生产环境中。

例如，假设这个软件中包含一个逻辑错误。这样的错误最迟会在验收测试阶段被发现，因为验收测试会检查应用程序的正确实现。于是，流水线中断了（如图1-4所示），此时不再需要其他测试。

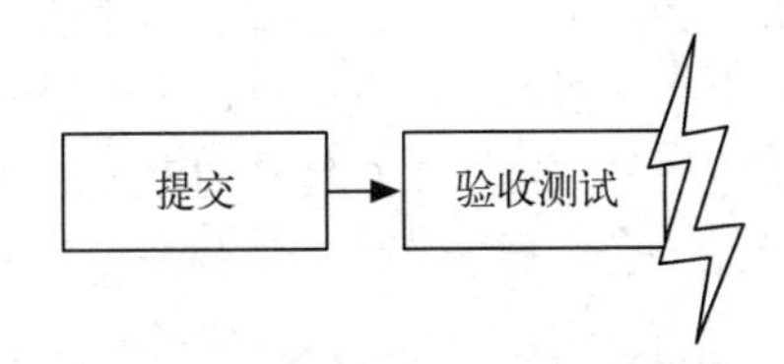

图1-4 持续交付流水线在验收测试阶段中断

开发人员将修复错误，然后重新构建软件。这一次它通过了验收测试。但是，新功能中仍然存在错误，而且这个新功能没有对应的自动化测试。于是，这个错误只能在探索式测试中被发现。因此，这一次流水线停在了探索式测试阶段，软件未能部署到生产环境（如图1-5所示）。如果事实已经表明软件不能满足负载处理的需求，或者含有自动化测试能够检测到的错误，就应该这样中断流水线，防止测试人员浪费时间。

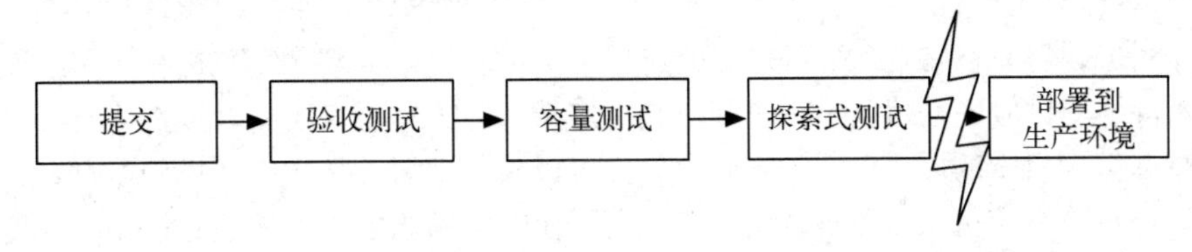

图1-5 持续交付流水线在探索式测试阶段中断

原则上，可以在流水线中并行处理多个版本。当然，这要求流水线并行支持多个版本。如果只能在固定的环境中运行测试，是无法并行的，因为这个环境会被测试占用，无法同时运行第二个版本的并行测试。

然而，通过持续交付并行处理版本是非常罕见的。在版本管理中，一个项目应该只有一个状态，逐步经过流水线的各个阶段。即便软件的修改速度非常快，最多就是前一个版本还没有离开流水线，新的版本就已经发送到流水线中。热修复可能会有例外，但持续交付的一个目标是平等对待所有版本。

示例

全书贯穿使用了一款示例应用程序——大财团在线商务公司的用户注册（参见前言）。这个示例有意简化了业务逻辑，基本上就是注册用户的姓名和电子邮件地址。这些注册信息要经过验证：电子邮件地址的语法必须正确，并且每个地址只允许注册一次；此外，可以基于电子邮件地址搜索到注册信息，而且可以注销账号。

由于该应用程序并不是很复杂，相对容易理解，因此读者可以专注于该示例所演示的持续交付的各个方面。

在技术层面，该应用程序是用 Java 和 Spring Boot 框架实现的。这样，无须安装 Web 服务器或应用程序服务器就可以启动应用程序（包括 Web 接口）。因为不需要安装任何基础设施，所以测试也变得更容易了。但是，如果有必要的话，也可以在应用程序或 Apache Tomcat 之类的 Web 服务器中运行这个应用程序。该应用程序的数据存储在 HSQLDB 中，这是一个在 Java 进程内运行的内存数据库。这种做法也降低了应用程序的技术复杂性。

可以从 https://github.com/ewolff/user-registration-V2 下载示例的源代码。需要注意，该示例代码包含的一些服务可以在 root 权限下运行并通过网络访问。因为这存在安全问题，所以对于生产环境来说肯定无法接受。不过，该示例代码仅用于试验目的，因此保持结构简单会更有帮助。

1.6 小结

将软件交付生产的过程缓慢且具有风险。优化这个过程可能会在总体上使软件开发更加有效和高效。因此，持续交付可能是改进软件项目的一个最佳选择。

持续交付的目标是以常规的、可重复的过程来交付软件，就像持续集成集成所有变更的方式一样。虽然持续交付似乎是缩短上市时间的绝佳之选，但实际上它还可以带来其他收益。它可以最小化软件开发项目中的风险，因为它确保软件可以实际部署并在生产环境中运行。因此，任何项目都可以通过持续交付获得竞争优势，即使它所在的市场竞争并不激烈（上市时间根本没那么重要）。

第2章 提供基础设施

2.1 概述

本章重点讨论持续交付必备的基础：提供基础设施。在持续交付流水线的不同阶段，必须将软件安装在计算机上，以执行验收测试、容量测试或者探索式测试。因为手动安装太耗时费力了，所以需要将这种处理自动化。此外，自动化还有助于降低将新版本发布到生产环境所面临的风险，因为它可以确保必要环境总是以相同的方式安装。

2.2 节将介绍支持自动化的简单安装脚本。但是，这样的脚本通常不能满足实际需要。因此，2.3 节会讨论基础设施自动化工具 Chef。Chef 和 Puppet 存在一些差异（参见 2.3.1 节）。Chef 既可以作为简单的命令行工具（Chef Solo，参见 2.3.4 节），也可以作为客户端/服务器解决方案（参见 2.3.6 节）。

2.4 节将介绍 Vagrant，这是一款很优秀的工具，用于在开发人员的计算机上安装虚拟机。该节提供了使用 Vagrant 和 Chef 的具体示例（参见 2.4.1 节），并以讨论 Vagrant 的实用性作为对该主题的总结（参见 2.4.2 节）。

2.5 节将介绍 Docker。它不仅是一个针对虚拟化的轻量级替代方案，而且针对 Docker 容器中的软件安装，也使用了一种非常简单的方法。该节将讨论 Vagrant+Docker 的用法（参见 2.5.4 节）、使用 Docker Machine 在服务器上安装 Docker（参见 2.5.5 节）、更复杂的 Docker 设置（参见 2.5.6 节），以及使用 Docker Compose 协调多个 Docker 容器（参见 2.5.7 节）。如果从不改动服务器上安装的软件——这符合“不可变的服务器”理念（参见 2.6 节）——那么软件的重新安装会最容易完成。

使用像 Chef 和 Docker 之类的工具，使基础设施的处理方式产生了根本性的差异。2.7 节将解释“基础设施即代码”的效果。

2.8 节将展示如何利用平台即服务云（PaaS 云）实现持续交付。

2.9 节将重点讨论与数据和数据库相关的具体挑战。数据库的安装和更新尤其有难度，因为它们包含大量可能需要根据情况进行迁移的数据。此外，为应用程序生成和提供配套的测试数据集也有不小的难度。最后，2.10 节将对本章做出总结。

示例：基础设施自动化

前言所述的大财团在线商务公司并没有采用持续交付。不过，该公司从错误中汲取了教训。它采取了一项措施，即基础设施自动化。在搭建具有必要软件的环境时，这项措施大大加快了搭建速度，并使该过程更容易重现。其实，基础设施自动化为团队解决了以下问题。

- 搭建测试环境。这一直是一项非常费时费力的工作。这个过程自动化后，只需要很小的工作量即可生成测试环境。这是生成多个测试环境的先决条件，有了这些环境才能进行更全面的测试。
- 在前言介绍的场景中，生产环境之所以会发生错误，是因为它的构建方式与测试环境不同。基础设施自动化实现了精确地复制，无论是测试环境还是生产环境，都可以做到这一点。因此，错误的源头得以消除，再也不会发生同样的错误了。
- 此外，还可以轻松做到每晚发布。因为自动化过程不可能出现因手动操作而造成的错误。最重要的是，这个发布过程已经用来生成过其他环境。因此，它已经得到了充分的测试。

要做到上述几点，团队必须采用能够生成复杂环境的技术，这正是本章的主题。

2.2　安装脚本

系统配置和软件安装早已实现自动化。例如，Windows 使用 Windows 安装程序自动安装软件。然而，如果软件是在内部环境中编写的，并且必须发布到生产环境，那么情况就不一样了。在这种情况下，通常必须手动执行配置和安装。有些安装手册会描述必须手动执行的步骤。但是，即使使用检查表进行确认，也很难完全无误地遵循复杂的安装步骤。因此这个过程很容易出错，而且几乎不可重现。

传统安装脚本的问题

某些项目已经借助脚本实现了软件的自动化安装。这些脚本会执行一系列必要步骤，以创建所需的文件和正确的配置。例如，对于本书的示例应用程序（用户注册）来说，首先需要安装 Tomcat 服务器。如果使用 Linux，可能会用到如代码清单 2-1 所示的安装脚本：`apt-get` 是 Ubuntu Linux 发行版的一条命令。该脚本首先使用 `apt-get` 更新可用包的索引，然后安装所有可用的更新。接下来，安装 OpenJDK 和 Tomcat。最后，将应用程序复制到 Tomcat 默认的可执行应用程序所在的目录下。在运行此脚本之前，要先将应用程序复制到服务器上，也可以通过 HTTP 将应用程序下载到服务器上。这样，就可以脱离代码仓库直接安装应用程序了。

代码清单 2-1　用户注册示例应用程序的安装脚本

```
#!/bin/sh
apt-get
apt-get dist-upgrade -y
```

```
apt-get install -y openjdk-8-jre-headless
apt-get install -y tomcat7
cp /vagrant/user-registration.war /var/lib/tomcat7/webapps/
```

这个方法非常简单，乍看之下很是令人信服。然而，许多典型的问题并没有得到解决。

- 此方法无法更改 Tomcat 服务器使用的端口或 Tomcat 的内存配置。这些需要修改 Tomcat 配置文件。
- 在部署新环境的时候，这样的脚本可能会出现问题。在用户注册的示例中，应用程序将再次被复制到 Tomcat 的目录下。这将导致 Tomcat 重新启动该应用程序，使其短时间无法使用。对于复杂的应用程序来说，这还可能导致用户退出应用程序。当然，可以修改脚本，使其仅在文件不存在或已更改时才进行覆盖。但是，这将使脚本更加复杂，并且必须进行测试。
- 在服务器修改配置之后，此脚本无法使服务器在所有情况下都回到恰当的状态。假设修改了 Tomcat 的一项配置，那么此安装将无法撤销这一变更。

即便是简单的脚本，也会出现上述问题。除此之外，还有一些其他的根本性挑战。

- 安装真正的应用程序及其所有组件非常费时费力。当然，将这个过程自动化的难度更大。因此，许多自动化工作做得并不充分，因为完全自动化的成本太高。所以，仍然需要一本手册来指导手动干预。在正确的时间点手动执行步骤和干预有很高的难度，因为通常这需要对脚本有全面的了解。本章介绍的工具有助于实现此类自动化和脚本，从而使真正实现完全自动化变得更容易。
- 当安装崩溃时，必须重新启动。在这种情况下，系统已经安装了一些部件，仅仅是重新启动安装就会产生问题。通常，脚本期望的是系统尚未安装任何软件。如果脚本随后尝试创建文件夹和文件，可能就会失败，从而中断整个安装过程。安装脚本必须具备处理这些特殊情况的能力，并且必须在不同的环境中做过测试，才能解决这些问题。

这也是软件更新版本时出现问题的原因。在更新版本时，系统中已经安装了旧版本的软件。这意味着文件已经存在，必须予以覆盖。脚本需要为此实现必要的逻辑处理。此外，还要删除新版本不再需要的多余元素。如果不这样做，新版本的安装就会出现问题，因为可能仍然会读取和使用旧的数据。然而，自动化覆盖和更新已经存在的所有路径是非常困难的。换个思路，可以通过为每个新版本重新构建服务器来解决这个问题。

通常情况下，简单的安装脚本就足够了。但是，如果需要更改配置，或者除了新安装的软件之外还需要支持旧版本的更新，那么脚本很快就会变得非常复杂。因此，如果软件必须完全重新安装，那么实现安装脚本就足够了。如果要为每个新的软件版本重新构建服务器，并经常使用安装脚本，那么 2.5 节介绍的 Docker 将是一个非常合适的选择。

尝试和实验

2.4节将更详细地介绍Vagrant，它是一款用于管理虚拟机的工具。为了增加使用安装脚本的实践经验，本章中将使用这款工具。它使我们能够轻松掌握虚拟机和安装脚本的用法。

首先，必须安装Vagrant，步骤如下。

(1) 安装一个虚拟化解决方案，例如Virtual Box。

(2) 下载Vagrant，并按照说明进行安装。

(3) 安装Git。

(4) 使用以下命令克隆GitHub仓库。

```
git clone https://github.com/ewolff/user-registration-V2.git
```

现在，你可以在子目录user-registration/shell下通过命令`vagrant up`启动一台虚拟机并完成设置。在设置期间执行安装脚本。

该安装脚本也可以使用命令`vagrant provision`在不启动虚拟机的情况下执行。

- 能否在设置期间访问该应用程序？
- 如果重复设置过程，已注册的用户会遇到什么情况？请注意，本应用程序使用内存数据库，不在硬盘上存储用户相关数据。

2.3 Chef

安装脚本描述的是安装软件所需的步骤。还有一种方式是描述系统在软件安装之后预期的状态，而不是达到这种状态所需的操作。

例如，假设运行这个软件需要一个配置文件。在传统方法中，会生成这个配置文件。但是如果文件已经存在了，这可能会引发问题。首先，它不可能直接覆盖这个文件。如果安装脚本覆盖应用程序，那么可能会导致应用程序重启，造成数据丢失和应用程序的短暂停机。因此，必须以适当的方式进行覆盖。另外，如果未正确设置访问文件的权限，那么将导致文件虽然存在却无法读取。当然，也必须存在所需的目录。此外，在运行的系统中覆盖文件可能会引发其他问题。例如，对一个文件进行写入时，正在访问该文件的应用程序可能会出现故障。

另一种选择是描述文件应该具有哪些内容以及应该设置哪些访问权限。如此，则可以将文件所需的状态与安装期间的当前状态进行比较，并进行相应地调整。这种方法有许多优点。

- 可以根据需要重复安装，每次结果应该都是相同的。我们称这样的安装过程具有幂等性。
- 因为不需要完全重新构建系统，所以能够相对容易地升级到新版本。虽然安装了较旧软件版本的系统是一种特殊情况，但仍然可以由脚本来处理。遇到这种情况时，若有必要，可以使用新版本文件覆盖已经存在的文件。

- 可以记录系统的变更。每次更改文件或安装特定软件包都可以记录在日志文件中。例如，当写入具有新内容的文件时，可以自动备份旧内容，从而使变更可追溯。而常规安装脚本必须通过特殊实现才能做到这一点。
- 如果文件已经存在并且正确设置了访问权限，则根本不需要进行任何更改。这可以大大加快这个过程。
- 通常，需要重启进程以确保真正读取新文件。现在，依然可以通过重启来确保这一点，但只有在文件内容确实发生变动时才有必要这么做。

理想情况下，系统必须予以完整描述，也就是说，要包括操作系统安装的版本和更新的相关信息。这是确保安装完全可重复的唯一方法。

本节介绍的Chef就属于采用了这种方法的软件系统。

2.3.1 对比 Chef 与 Puppet

Puppet是一个类似于Chef的系统。下一章中的持续集成基础设施就是用Puppet脚本生成的。然而，在一些重要方面的实现有所不同：Puppet使用 Ruby DSL（领域专用语言）和 JSON 数据结构来实现声明式方法。由用户定义依赖项，Puppet根据基于组件及其依赖关系制定的计划来安装软件。虽然 Chef 也使用 Ruby DSL，但用户编写的是一种安装脚本，而不是 Puppet 采用的声明式。由于在这两款软件中使用的是领域专用语言，因此使用 Chef 或 Puppet 并不一定要精通 Ruby。但是，利用 Ruby 的所有功能可以很轻松地对 Chef 和 Puppet 加以补充。对于开发人员来说，这种方法也更容易理解。

这两种方法还有一个优点——技术涵盖范围较广。因此，许多典型的软件包中包含安装脚本，可以用于自己的系统安装。但是，必须谨慎对待这些脚本：在大多数情况下，必须针对基础设施的需求对它们加以调整，例如，根据项目上下文需要对配置文件进行额外的修改。在某些情况下，项目可能需要为软件安装一些插件，而这个安装并不包含在通用脚本中。它还可以调整特定的设置，例如该进程使用的网络端口。这些选项是常规脚本中没有的。此外，不一定必须要支持所有的操作系统变体。此 Linux 非彼 Linux，不同的发行版存储配置文件的位置是不同的，软件包也有不同的名称。即使脚本看起来考虑了各种 Linux 变体，实际也可能会出现问题，因为没有在操作系统的每个版本上都测试过这个脚本。

Puppet 和 Chef 除了支持不同的 Linux 派生版本之外，还支持 Windows 和 Mac OS X。因此，本书描述的方法也适用于这些平台，但肯定在某些细节上会存在一些差异。例如，Windows 和 Mac OS X 的基础安装环境中不包含包管理器。

Chef 和 Puppet 是在 Apache 2.0 许可下的开源项目。这是一个非常自由的许可，从这个角度来看，没有什么反对使用它们的理由。此外，还可以从 Chef 和 Puppet Labs 公司获取商业版本。因此，既可以免费使用这些产品，也可以通过购买商业支持以获得更高的安全性。

2.3.2 其他备选方案

除 Puppet 和 Chef 之外，还有很多其他的工具。

- Ansible 的侧重点是为安装脚本提供自己的语法，称之为 playbook。它将 YAML 文件用于定义服务器。服务器是通过 SSH 远程安装的，这种方式既简单又安全。而且最重要的是，系统上几乎不需要安装任何额外的软件。但是，可能需要在机器上安装 Python 库，因为 Ansible 是用 Python 实现的。它除了支持 Linux、Windows 之外，还支持 Mac OS X。“如何入门 Ansible”[①]是一份很有用的文档。可以参照 Tomcat 的安装示例[②]。
- Salt（更确切地说是 SaltStack）也是用 Python 实现的。Salt 基于一台主服务器和多台从机，这些从机在受管理的系统上作为守护进程运行。这些组件通过 ZeroMQ 消息传递系统进行通信。这使得 Salt 能够快速有效地进行通信，因此可以在许多系统中进行扩展，包括 Linux、Mac OS X 和 Windows。

Ansible 是从 2012 年开始实现的，而 Salt 在 2011 年就已经上市了。因此，这些技术比 Chef（2009 年）和 Puppet（2005 年）要新得多。也正因为这样，它们还没有那么大的社区，而且使用的实践经验也不多。但反过来说，它们解决了在使用旧技术时遇到的一些问题。

2.3.3 技术基础

通常，Chef 可以以三种方式使用。

- Chef Solo 是最简单的一种方式。这种方式将 Chef 用作普通的命令行工具，即一种通用的安装脚本。然而，它必须将整个配置保存在计算机上。如果是为不具备大型基础设施的开发人员生成系统，这会是个明智的选择，Vagrant（参见 2.4 节）就使用了这种方法。也可以用相同的方法来安装服务器。例如，从 Git 之类的版本控制系统中读取配置，然后触发安装过程。这无须中央服务器即可搭建大型的环境。但是，必须要特别确保这些配置的安全，因为它们可能包含一些敏感信息，例如，生产数据库的密码。同样，向不同服务器发布变更也应该是自动化的。这需要在这些服务器上重复执行 Chef Solo。
- Chef Server 配置和管理多个 Chef 客户端。客户端本身只有非常小的内核。当需要安装多台计算机时，这种方法会特别有用。这种方法还使得服务器能够追踪所有计算机，在监控系统上为每台计算机生成适当的条目。此外，可以通过这些计算机和已安装的软件执行请求。例如，在安装新 Web 服务器时自动补充一个负载均衡器的配置。
- Chef Zero 是 Chef 服务器的一种变体。在内存中运行使得它又小又快。Chef Zero 适用于 Chef 服务器过慢或设置过于烦琐的测试。

---

① https://www.ansible.com/get-started

② https://github.com/ansible/ansible-examples/tree/master/tomcat-standalone

Enterprise Chef 是一个商业版本。这个版本有许多附加特性，例如，支持租户以及使用 LDAP 或 Active Directory 的身份验证。该版本还可以作为托管系统使用。在这种情况下，运营 Chef 服务器的是 Chef 股份有限公司。如果打算在亚马逊 Web 服务之类的云环境中运维基础设施，这会是一种非常有用的方式。使用了这种方式，就不再需要关心如何安装 Chef 服务器、如何进行备份以及如何保证足够的可用性。这些工作都由 Chef 公司负责。

1. Chef 的基本术语

以下三个术语是使用 Chef 辅助系统配置的核心（如图 2-1 所示）。

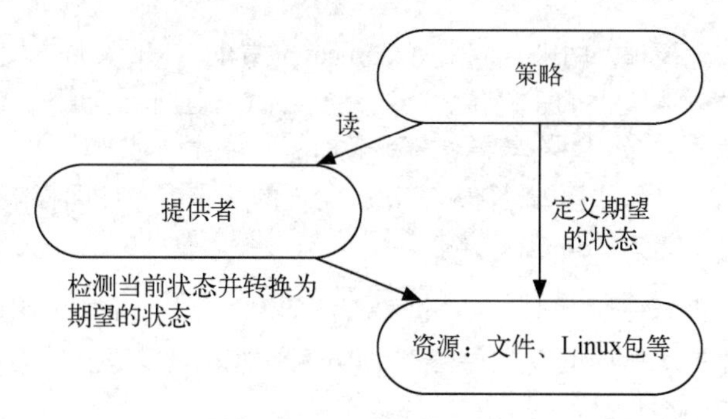

图 2-1 资源、策略和提供者

- **资源**（resource），包含可被配置或安装的所有内容：例如文件和 Linux 包。Chef 支持多种资源，比如代码库、网络适配器和文件系统。
- **策略**（policie），定义了资源期望的状态。例如，某条策略可以声明用户“wolff”应该在哪里，或者应该安装“Tomcat”包。使用 Chef 实现自动化的主要工作就包括生成这样的策略。
- **提供者**（provider），负责确定资源的当前状态，并对其进行修改，使其符合策略。Chef 的内置提供者支持典型的操作系统资源，比如文件。

因此，策略定义了 Chef 运行后资源的状态。而提供者执行了实现此目标的必要步骤。这确保了上文提到过的幂等性：无论 Chef 重复运行多少次，最终结果总是相同的。

2. Chef、指南和实例

Chef DSL 是用 Ruby 编写的。因此，Chef 可以使用 Ruby 进行扩展。即使不了解 Ruby，该 DSL 也可以让用户配置简单的系统。一方面，用户根本不会注意到他们实际上是在编程而不是在配置。另一方面，高级用户可以使用 Ruby 扩展系统。所以将用户编写的配置称为“菜谱”（Recipe），与“厨师”（Chef）解决方案相得益彰。

代码清单 2-2 Tomcat 实例的部分内容

```
template "/etc/tomcat7/server.xml" do
  owner "root"
```

```
  group "root"
  mode "0644"
  notifies :restart, resources(:service => "tomcat")
  source "server.xml.erb"
end
```

代码清单2-2展示了一部分Tomcat实例。可以在https://github.com/ewolff/user-registration-V2上找到整个项目。首先，该实例确定了文件应该属于哪个用户或组，以及应该为文件设置哪些权限。如果文件被修改了，则应该重新启动Tomcat服务。此服务是一个额外的Chef资源，是在该文件的另一个位置定义的。

接下来，引用了一个模板，用来生成带有Tomcat配置的XML文件。使用模板，可以将特定服务器的网络端口等值插入文件的正确位置。Chef不会简单地用新生成的文件覆盖这个文件，而是先检查文件是否与模板一致。只有与模板不一致时，文件才会被替换。文件的旧版本将予以归档，以便追踪在何时执行了哪些更改。随后，检查文件的所有者和访问权限是否正确。只有在文件必须进行变更时，才会重启Tomcat服务。

显然，光一份实例没有什么意义。它还需要不同的附加元素，例如引用的模板。因此，实例通常保存在目录结构中——所谓的“烹饪指南”（Cookbook）。该目录由各类子目录组成（图2-2）。通常，一本指南包括以下组件。

- 在recipe目录中，可以找到讨论过的实例，它们为资源定义策略。通常，default.rb文件中会有一个实例。对于复杂的安装，可以定义额外的实例并存储在其他文件中。
- 在attribute目录中，定义可能的属性及其默认值。在实例中，可以特别针对某一服务器调整设置的值，这需要在实例中已经定义了属性。稍后将讨论在实例之外重写这些属性，从而在不同的上下文中使用这些实例。它也实现了“约定优于配置”，这意味着，如果没有提供特定的配置，则使用合理的默认值。
- 在file目录中，保存额外的文件。这些文件不需要进行额外的更改就可以复制到服务器上。但是，加载文件通常是更明智的做法，比如，从仓库服务器中加载。
- 最后，template目录中包含一些必要的模板，例如配置文件。如图2-2所示，代码清单2-2中用到的server.xml.erb文件应保存在此处。

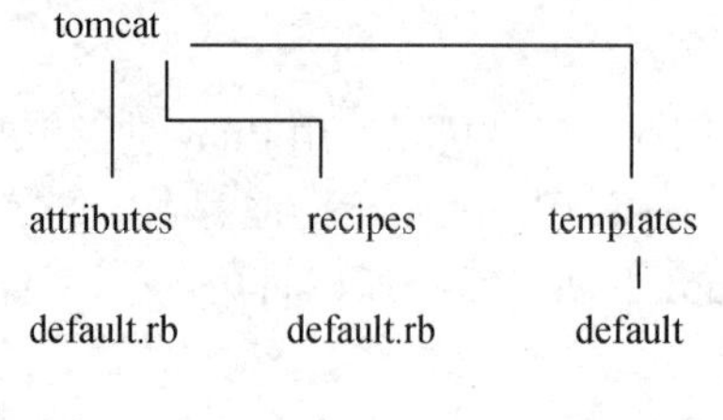

图2-2　Chef recipe目录

如果需要管理复杂的实例以及实例之间的依赖关系，那么Berkshelf能派上很大的用场。

指南中还包括许多其他组成部分，但通常上述这些就已经足够了。我们以前面提到的Tomcat指南为例。代码清单2-2引用了server.xml.erb模板，可以在templates/default目录中找到它。如果将其他模板用于具有特定主机名或操作系统的计算机，那么这些模板会存储在特定的模板子目录中，这些子目录以主机名或操作系统命名。

代码清单2-3展示了server.xml.erb模板的部分内容。正如你所看到的，不时有一些被`<%=`和`%>`括起来的术语。这些术语用于将一些值插入模板。在其他地方会看到一些固定的值，例如，连接超时设置为20 000。因此，不能从外部配置这类值。如有需要，应该修改此模板，在这个位置添加可配置的值。这个例子很好地说明了实例只提供了有限的灵活性，如有需要，必须对其进行扩展。大多数指南都托管在GitHub之类的网站上。在这些网站上，用户可以很容易地向原始开发者提供修改，使其整合到他们的项目中。这就为Cookbook的协作开发创建了条件。

代码清单2-3 server.xml.erb模板的部分内容

```
...
<Connector port="<%= node["tomcat"]["port"] %>"
protocol="HTTP/1.1"
  connectionTimeout="20000"
  URIEncoding="UTF-8"
  redirectPort="<%= node["tomcat"]["ssl_port"] %>" />
<Connector executor="tomcatThreadPool"
  port="<%= node["tomcat"]["port"] %>" protocol="HTTP/1.1"
  connectionTimeout="20000"
  redirectPort="<%= node["tomcat"]["ssl_port"] %>" />
...
```

指南中也可以包含某些设置的默认值，这些值在各个环境中可能会有所不同。为实现这个目的，可以在attribute子目录中创建一个default.rb文件。代码清单2-4摘录了部分内容，可以看到其中设置了一些合理的默认值。

代码清单2-4 摘录自default.rb，其中定义了一些默认值

```
default["tomcat"]["port"] = 8080
default["tomcat"]["ssl_port"] = 8443
default["tomcat"]["ajp_port"] = 8009
default["tomcat"]["java_options"] = "-Xmx128M -Djava.awt.
headless=true"
default["tomcat"]["use_security_manager"] = false

set["tomcat"]["user"] = "tomcat"
set["tomcat"]["group"] = "tomcat"
```

当然，也可以自己撰写指南，但是，通常没有必要从头开始写。网上有各种各样的指南，因此，在开始动手写之前，有必要先看看它们。正如前面所述，现有的指南通常是根据项目的具体需求调整过的。可以以它们为例，激发出自己的创作灵感。

在自己的项目中使用网上的指南往往需要进行调整，以获得好的成效。必须对它们加以补充以支持特定的操作系统，或者使某些位置的配置更加灵活，例如，通过引入新的属性。通常，用于特殊用例的指南非常简单，很快就能编写出来；而已经准备好的指南包含通用的解决方案，相当复杂，并且最终仍然需要针对特殊用例进行扩展。因此，到头来，编写自己的指南仍会是更为直接的做法。

3. 角色

实际安装一台服务器，必须要定义在服务器上应用的实例。除此之外，还要调整实例中的属性。从理论上讲，可以在每次安装时把一堆实例和属性值都交给 Chef。然而，这没有多大意义，持续交付流水线的每个阶段总是得安装相同类型的服务器。此外，还可以有多台完全相同的服务器，例如，必须在负载均衡器后面提供多台 Web 服务器的场景。

因此，Chef 使用了“角色”的概念：由角色定义执行哪些实例以及属性应该具有哪些值。每种类型的服务器都需要角色的定义。这样，就可以很容易地安装任意数量的服务器。此外，还可以使用 Chef 服务器查询具有特定角色服务器的数量以及类型。举例来说，可以通过这种方式安装一个负载均衡器，它的配置文件包含所有可被安装的 Web 服务器。

Chef 的角色信息存储在一个 JSON 文件中，或者也可以使用 Ruby DSL。代码清单 2-5 展示了一个示例。其中，`json_class` 和 `chef_type` 必须要设置角色定义的值。后面的信息指定执行的 Cookbook 以及属性应该具有的值。在开头的地方，该角色被命名为“tomcatserver”，之后是对该角色的描述。然后，调整该指南中 `tomcat` 和 `webapp` 的个别属性。最后，`run_list` 定义要执行的实例。

代码清单 2-5　JSON 格式的 Chef 角色配置示例

```
{
  "json_class": "Chef::Role",
  "chef_type": "role",
  "name": "tomcatserver",
  "description": "Install Tomcat and a web application inside
Tomcat",
  "default_attributes": {
    "webapp": {
      "webapp": "demo.war"
    },
    "tomcat": {
      "port" : 8080
    }
  },
  "run_list": [
    "recipe[apt]",
    "recipe[webapp]"
  ]

}
```

每台服务器（在 chef 术语中以节点表示）可以有一个或多个角色。节点也可以覆盖一些属性，从而对每台服务器做进一步的单独调整。

2.3.4 Chef Solo

Chef Solo 是使用 Chef 最简单的方法。此方法由命令行触发系统上的软件供应。这意味着必须把配置和安装脚本转移到相应的系统上。因此，Chef Solo 完全可以用于测试场景和本地开发人员的机器，因为这些限制对它们并不重要。如果在多台计算机上进行了分布式安装，也可以使用版本控制工具和其他文件传输工具为这类场景提供支持。这种方法的基础设施通常比中央 Chef 服务器更容易安装。此外，这种策略有助于避免集中式瓶颈。

尝试和实验

本任务旨在帮助读者获得 Chef Solo 的实战经验。任务目标是完全以 Tomcat Web 服务器和 JDK 安装一款简单的 Java 应用程序。

(1) 这个任务最好在虚拟机上完成。因此，先安装一款 virtualbox 之类的软件。

(2) 现在，用 Ubuntu 15.04 安装一台虚拟机。可以从 http://releases.ubuntu.com/15.04/下载光盘镜像，选择服务器版本就足够了。请确保安装的是 15.04 版本，若使用其他 Ubuntu 版本，执行下面的脚本时可能会出现问题。

(3) 只安装一台简单的服务器。在安装过程中，不需要提供任何特殊包。不过，安装 SSH 服务器并按照 SSH 的方式执行后续步骤可能会更容易一些，例如可以从其他窗口进行复制/粘贴。

(4) 启动这台安装了操作系统的虚拟机。

(5) 更新软件。执行更新命令：`sudo apt-get update` 和 `sudo apt-get upgrade`。

现在，你有了一台安装了简单的 Ubuntu 且没有任何特殊软件的虚拟机。下一步是安装 Chef。

(1) 在安装 Chef 的过程中，会询问是否要一台服务器，但其实没有必要回答这个问题。安装命令是：`sudo apt-get install chef`。

(2) 然后，安装版本控制软件 Git：`sudo apt-get install git-core`。

(3) 克隆 GitHub 仓库：`git clone https://github.com/ewolff/user-registration-V2.git`。

(4) 调整 chef 目录中的 `solo.rb`：在第一行中定义了变量 root。它的值必须包含含有 Git 仓库的目录，例如：`root = ' /home/ubuntu/user-registration-V2/chef/ '`。

建议：Nano 是一款非常有用的编辑器，并且在 Ubuntu 系统上已经安装。你可以使用命令 `nano` 启动它。

(1) 现在所有需要的文件都放在一起，可以启动 Chef Solo 了：`sudo chef-solo -j node.json -c solo.rb`。
(2) 此时 Tomcat 应该已经可用了。可以使用 `curl localhost:8080` 测试一下，然后启动这款应用程序：`curl localhost:8080/demo/`。

然而，你只会得到一些 HTML 代码。原则上，这个应用也可以在浏览器中打开，但只有在能够连接到该虚拟机的网络时才行。

最后，很有必要检查一下 node.json 和 solo.rb 配置文件。此外，看看用到的 Chef 角色和各种 Recipe 也很有意思。

如果还有动力做些额外的实验，我们专门为你准备了以下内容。

- 再运行一次安装会发生什么？
- 更改 Tomcat 的端口。有两种选择：修改指南中的默认值，或者看看定义角色的文件。
- 当然，也可以尝试让这款软件在其他 Ubuntu 或 Linux 版本上运行。但是可能需要根据不同的系统彻底地修改所有的步骤。
- 还可以扩展 Chef 脚本，并以这种方式安装其他软件。这需要从别处“借”些指南，将它们整合到配置里。

2.3.5 Chef Solo 总结

这个任务通过实例阐述了如何使用 Chef 配置系统，但是显然这种方法比较费力。首先，需要安装 Chef。之后，必须调整各个文件——这正是使用 Chef 来避免的那一类工作。

此时当然可以定期从 Git 仓库获取配置的当前版本，并由此发布变更。然而，使用 Chef Solo 时，没有人会追踪已安装的服务器。不过，对已安装的服务器有一个总的了解肯定会大有帮助。

2.3.6 Knife 和 Chef Server

使用 Chef Server 时，角色或指南的相关信息都集中保存在一台服务器上。当然，可以安装这样一台 Chef 服务器，将指南和角色专门保存在自己的计算中心。这么做的时候必须进行备份和灾难恢复，以避免角色和实例的丢失。但是，并不一定要确保高可用性，因为该服务器出现故障只意味着不能安装新计算机，以及不能修改角色和实例。

另一种选择是使用 Chef 企业版。如此则可以使用由 Chef 公司提供的 Chef 服务器，省去了额外的运维成本。

Knife 是一种“远程控制”Chef 服务器的方式。它可以在 Chef 服务器上管理角色、指南等。但除此之外，它还可以与虚拟化解决方案交互，以及在计算机上安装 Chef 客户端。如果正确配置了该项设置，那么无须任何手动干预，就可以启动一台新的计算机并在上面安装软件。

尝试和实验

让我们来看看 Chef Server 和 Knife。使用 Amazon EC2 云基础设施和托管的企业版 Chef 服务器，无须在基础设施上进行大量投资，即可了解 Chef Server 和 Knife 所提供的可能性。

这个示例可以在任何计算机上运行。与前面的示例不同，它不需要使用虚拟机。当然，也可以重用虚拟机单独安装必要的软件。

(1) 安装 Git（请参阅 http://git-scm.com/book/en/Getting-Started-Installing-Git）。

(2) 和前面一样，我们将使用 Tomcat 服务器的示例。因此，必须使用 `git clone https://github.com/ewolff/user-registration-V2.git` 命令检出这个项目。

(3) 然后安装 Knife，它包含在 Chef 开发工具包中。可以在 https://downloads.chef.io/chef-dk/ 上找到安装说明。

(4) 最后，安装 Knife EC2 插件，请参阅 https://github.com/chef/Knife-EC2#installation。

现在，我们已经为这个示例组装了所有所需的软件。下一步是在 Amazon 上开一个账户，并将信息传入配置。

(1) 在 http://aws.amazon.com/上建立一个 Amazon 账户，该账户为新用户提供了免费使用虚拟机的大量服务。但其中只包括微实例，这是 Amazon Cloud 中功能最弱的虚拟机。然而，使用微实例来做测试仍然不失为一种明智之举。因为它们非常便宜，而且通常也足够强大了。

(2) 在 https://console.aws.amazon.com/iam/home?#security_credential 上可以生成访问密钥。它由访问密钥 ID 和密钥组成。必须分别将环境变量 `AWS_ACCESS_KEY_ID` 和 `AWS_SECRET_ACCESS_KEY` 设置为这些值，以便稍后由 Knife 使用。

(3) 在 https://console.aws.amazon.com/ec2/home?region=eu-west-1#s=SecurityGroups 上创建安全组，用于配置虚拟机的防火墙。这个安全组应该打开端口 22（SSH）和 8080/8081（HTTP，带有“自定义 TCP 规则”）。请确保安全组没有分配给任何 VPC。在 user-registration-V2/chef/.chef 目录中的 knife.rb 文件的 `knife[:groups]`行中输入这个安全组的名称。

(4) 你可以在 https://console.aws.amazon.com/ec2/v2/home?region=eu-west-1#KeyPairs 上生成密钥对。你会得到一个.pem 文件。将其保存在.chef 目录中，并在 knife.rb 中的 `knife[:aws_ssh_keyname]`行中输入这个文件的文件名，不要带.pem 扩展名。注意正确的文件权限（`chmod 400 *.pem`）。

在亚马逊上的成本

在 Amazon 上运行实例会产生成本。因此，需访问 https://console.aws.amazon.com/ec2/v2/home?region=eu-west-1，以确定服务器是否仍在运行。如果还在运行就关掉它们，这很重要。你必须选择要关闭的服务器，然后选择"终止"（terminate）操作。亚马逊在全球范围内提供云服务，并将其划分为不同的地域。对于每个地域来说，都有多个可用的区域，即独立的计算中心。在这个任务中，我们将使用位于欧洲的 EU-West-1 地域。控制台会单独显示每个地域。因此，确保控制台中有正确的地域非常重要。但是，上面给出的链接直接指向 EU-West-1 地域。

有了安全组，就能够确保计算机和防火墙上的相应端口是打开的。SSH 密钥被 Knife 用来登录计算机并安装 Chef。knife.rb 中的其他设置确保该机器在爱尔兰的一个计算中心的 Eu-West-1 地域运行。我们将使用一个微实例，它没有很多功能，但至少不会非常昂贵。最后，AMI 镜像确保实例启动时使用 Ubuntu 15.04 作为操作系统。

现在 Knife 可以使用 Ubuntu 启动虚拟机了。托管的 Chef 服务器负责指南。下一步必须对该服务器进行设置。

(1) 需要一个托管的 Enterprise Chef 账户，它可以通过 https://manage.chef.io/获得。托管的企业版 Chef 是免费的，只是对计算机的数量有一定的限制。
(2) 你可以在 https://manage.chef.io/organizations/上创建组织。
(3) 下载组织的验证密钥并将其保存在.chef 目录中。
(4) 在 knife.rb 中，这个文件名必须被设置到 validation_key 里。
(5) 现在必须在 knife.rb 中输入组织名称，在 validation_client_name 和 chef_server_url 中定义。
(6) 点击"用户"链接，创建账户密钥，得到一个扩展名为.pem 的文件。下载此密钥，将其保存在.chef 目录中，并在 knife.rb 中将带有 client_key 的行修改为该密钥的文件名。
(7) 这个文件的名称（不带扩展名）必须被设置为 node_name 的值。

现在一切都配置好了。当我们在具有.chef 子目录的目录中直接执行 knife node list 时，应该会得到一个合理的响应，即还没有节点，因为我们还没有配置任何服务器。

下一步把必要的信息输入到 Chef 服务器中。

(1) 到 user-registration/chef 目录下输入命令 `knife cookbook upload -a`。这将把所有的指南上传到服务器上。上传该 Web 应用程序可能需要一些时间。
(2) 通过 `knife role from file roles/tomcatserver.json` 命令对 tomcatserver 角色执行相同的操作。
(3) 现在可以使用 `knife ec2 server create -r 'role[tomcatserver]' -i .chef/.pem -r 'role[tomcatserver]'` 启动一台新的服务器了，Chef 和 Tomcat 将被安装到这台新服务器上。有一个参数传入了一个文件名，它就是在 Amazon 上的密钥对文件。

通过一条命令，现在已经启动了一台可以从互联网访问的服务器。当这台服务器启动时，声明了公共 DNS 名称，这样就可以使用该名称访问这台服务器了。可以使用 curl 与该应用程序通信，例如 `curl http://:8080/demo/`。

让我们使用 Knife 来看看新启动的节点，可以通过 `knife node list` 命令来完成这件事情。这条命令返回所有正在运行的节点。使用 `knife node show <instance-id>`命令可以显示节点相关的更多详细信息。现在，需要使用 `knife ec2 server delete` 命令删除这些实例，否则会继续产生成本。如果在机器安装过程中遇到麻烦，这些实例可能就不会出现在节点列表中，此时也可以使用 EC2 控制台删除这些服务器。

要注意一点：本例中使用的虚拟机非常慢。实际的生产机要快得多。如果喜欢尝试，可以生成 EC2 控制台中运行实例的 AMI 镜像，以及使用 Knife 启动的实例的 AMI 镜像。如果这么做，将保存硬盘上的全部内容。通过它们可以启动新的 AMI 机器。它们包含了之前安装的全部软件，但没有安装过程，也就是说可以立即安装。

就此实验额外的想法如下。

- 在 EU-West-1 地域的 EC2 仪表盘上（https://console.aws.amazon.com/），也可以查看和监控 AWS 控制台中正在运行的节点。
- 该软件可以用其他版本的 Ubuntu 启动。可以在 http://uec-images.ubuntu.com/上找到在 knife.rb 中输入的 AMI 的名称。
- 也可以在其他地域启动这台机器。如果要这么做，必须使用另一个镜像。在 knife.rb 中输入这个镜像和区域。此外，必须在 Amazon 上为每个地域生成一个新的 SSH 密钥对。

2.3.7 Chef Server 总结

基于 Knife 和 Chef Server 的方法非常适用于安装含有许多服务器的复杂环境，使用这种方法，只用一条命令就可以启动一台新的服务器。此外，还可以在后台跟踪现有的服务器类型、实例和角色。因此，只需要通过 Chef 服务器、Chef 配置和 Knife，就可以生成整个机器的装配线。这使我们能够为软件测试快速创建环境。

尝试和实验

本章主要针对基于脚本的工具介绍了一些基本技术，可能会有以下扩展内容。

- 除了前面介绍的 Chef，还有一种选择是 Puppet。https://puppetlabs.com/download-learning-vm 上提供了一台可用于了解 Puppet 的虚拟机。
- 当然，更好地了解 Chef 也是很有价值的，你可以在 https://learn.chef.io/上找到全面的介绍。
- 上面提到的网站提供了一些很值得一看的 Chef 实例。如何使用这些工具自动化现有的应用程序？缺少哪些指南？这些指南是否足够灵活？这个网站中都会介绍。

2.4 Vagrant

要使用 Chef，就得有一台合适的计算机——具有最小的操作系统和一个安装了 Chef 的客户端。这正是 Knife 所提供的功能（参见 2.3.6 节），但是，这就必须要安装 Chef 服务器或使用托管的 Chef。此外，还必须提供适当的虚拟化基础设施或使用云。

如果开发人员只是想要快速测试些什么，这种方法就太麻烦了。Vagrant 针对这样的场景提供了一个理想的解决方案：使用虚拟化来提供一台计算机。它支持 Virtual Box，在 GPL 开源许可下可以免费使用。此外，Vagrant 的商业版本分别支持在 Windows/Linux 和 Mac OS X 上虚拟化 VMware Workstation 和 VMware Fusion。Vagrant 是模块化的，可以通过插件进行扩展，其中有许多其他虚拟化解决方案的提供者。通过这种方式，Vagrant 可以扩展成一个用于虚拟化和供应的通用"远程控制"，类似于 Knife（参见 2.3.6 节）。但与 Knife 不同的是，Vagrant 并不局限于只用 Chef 来做设施提供。

除了操作系统之外，这个虚拟机还包含安装其他软件所需的 Chef 或 Puppet 的各自的部分。它还安装了通过证书进行身份验证的 SSH 服务器。它通过一个 Vagrant 已知证书来完成。这使 Vagrant 可以登录到虚拟机并触发操作。此外，部分主机文件系统可以混合到虚拟机的文件系统。就像前面提到过的，这需要在虚拟机上安装扩展。由于确切的配置非常复杂，因此自己进行配置没有多大意义。应该使用现成的虚拟机，或者 veewee 和 Packer 之类的工具来生成这样的机器。Packer 是更现代的解决方案，它也提供了更多的功能。除了不同的 Linux 发行版之外，这些工具还支持虚拟机的不同操作系统，例如 Windows。

然后 Vagrant 就可以进行以下事情了（如图 2-3 所示）。

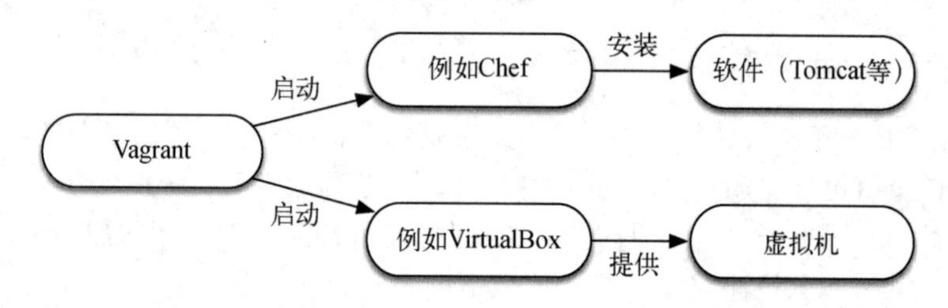

图 2-3　Vagrant 使用 Virtualbox 启动虚拟机，并使用 Chef 在其上安装软件

- 导入一台空的虚拟机。
- 配置一台虚拟机，使其能够使用主机上的文件。例如，让虚拟机能够访问存储在主机上的 Chef 实例。
- 现在，Vagrant 可以通过 SSH 登录虚拟机，并使用 Chef Solo 安装虚拟机（参见 2.3.4 节）。除了 Chef Solo 之外，还可以使用 Puppet 或简单的 shell 脚本。

Vagrant 还可以用于生成和提供多个虚拟机。

什么地方值得使用Vagrant呢？Vagrant可以很容易地安装在笔记本计算机或开发人员的机器上。当然，还需要安装虚拟化软件。只要具备这两个条件，就可以将软件自动安装在本地计算机的一台或多台虚拟机上了。由于可以使用与安装生产环境相同的工具，因此开发人员可以在类似于生产环境的环境中先试用它们。

2.4.1 Chef 和 Vagrant 实例

为了更好地说明 Vagrant，让我们回到 2.3.2 节中介绍的 Tomcat 示例。再次在一台计算机上安装 Java、Tomcat 服务器和一款 Java Web 应用程序。

Vagrantfile 是 Vagrant 的中心。它实际上是用 Ruby 代码编写的，即使第一眼看上去不太像。事实上，这里使用的是 Ruby DSL，就像前面所讲的 Chef 一样。

代码清单 2-6 展示了一个 Vagrantfile 示例。在本例中，定义了系统应该使用哪个基础镜像。此镜像存储在本地。接下来是端口转发：计算机的某些端口被重定向到虚拟机的端口。例如，如果访问 http://localhost:18080/，它将被重定向到用于运行 Tomcat 的虚拟机的 8080 端口。最后一部分使用 Chef 配置了软件的供应。它包含指南的路径，以及服务器应该承担的角色和角色所在的路径。由于虚拟机可以访问主机的目录，因此以这种方式可以很容易地为这台虚拟机提供指南和角色。

代码清单 2-6 Vagrantfile

```
Vagrant.configure(2) do |config|
  config.vm.box = "ubuntu/vivid64"

  config.vm.network "forwarded_port", guest: 8080, host: 18080
  config.vm.network "forwarded_port", guest: 8081, host: 18081

  config.vm.provision : chef_solo do |chef|
    chef.cookbooks_path = ["cookbooks"]
    chef.roles_path=["roles"]
    chef.add_role("tomcatserver")
  end

end
```

执行 `vagrant up` 命令即可启动该系统，只需处于 Vagrantfile 目录即可。所用的基础镜像已经下载了，而且里面已经安装好了软件。执行 `vagrant help` 可以列出其他的命令。例如，可以使用 `vagrant provision` 触发一个新的 Chef run。如此，就不需要重新构建一台完整的虚拟机了，只需要执行必要的更新即可，这样可以节省大量的时间。`vagrant halt` 可以用来停止环境，但它只是终止了虚拟机。而 `vagrant destroy` 命令是彻底销毁一台虚拟机，包括它的所有文件。最后要提的一条重要命令是 `vagrant ssh`，它是在虚拟机上提供一个 shell 窗口。

尝试和实验

首先必须安装 Vagrant。

(1) 首先安装虚拟化软件，例如 Virtual Box。

(2) 下载 Vagrant 并按照说明进行安装。

(3) 克隆 GitHub 仓库：`git clone https://github.com/ewolff/user-registration-V2.git`。

(4) 现在，可以在 user-registration/chef 子目录中使用 `vagrant up` 启动一台虚拟机了，里面有它提供的软件。

接下来的实验有不同的选择。

- 刚才已经提到了一些其他的 Vagrant 命令。如果不加任何命令仅执行 Vagrant，将显示所有可用的命令，可以试试它们。
- `vagrant-cachier` 可以缓冲用于安装的 Linux 包，这能加快 Vagrant 虚拟机的创建速度，因为不再需要从互联网上下载大量的软件了。对 Vagrantfile 做相应的修改。
- 当然，你完全可以更改 Tomcat 的端口。为此，必须对角色进行相应的修改。用 8081 端口是一个不错的选择，因为在 Vagrantfile 中已经转发了它。
- Vagrant 的插件列表非常丰富。熟悉这些插件并做部分尝试会很有帮助。
- 此外，可以使用 Packer 来装配自己的虚拟机，它可以与 Vagrant 一起使用。
- 还可以使用 Vagrant 设置多个虚拟机（参见 http://docs.vagrantup.com/v2/multi-machine/）。为什么不多加一台 Tomcat 或数据库服务器呢？Vagrant 中的不同虚拟机可以通过 vagrant-hostmanager 的名称找到彼此。

2.4.2　Vagrant 总结

至少对于开发人员来说，Vagrant 是一款非常优秀的工具，它能帮助他们安装服务器，并使所有开发人员的环境保持一致。与手动设置 Virtual Box 相比，它做了极大的简化。而且，装上插件的 Vagrant 变得更加有趣了：它可以被看作是启动和设置虚拟机的通用工具。因此，对于从事基础设施自动化工作的开发人员来说，Vagrant 在某种程度上是一款不可或缺的工具。

2.5　Docker

持续交付基于的是虚拟机。将物理机用于持续交付流水线的不同阶段实际上是不可能的。各虚拟机彼此是完全独立的，每个虚拟机都有自己的虚拟硬盘和操作系统。然而，为了将应用程序的运维工作量降到最低，安装的操作系统和该环境的其他组件（如监控）在所有机器上几乎是相同的。一款应用程序通常不只由一台机器组成，例如，由一台数据库服务器和一台应用服务器组成。

使用这种方式，会浪费很多资源：这些虚拟机基本上是相同的，但是它们是完全分开设置的。如果它们共同的部分只存储一次，就会好很多。

除此之外，在其他方面提升虚拟化效率也是有益的。虽然 Chef 等工具使虚拟机达到了当前的软件状态，但这也带来了更大的支出。因为不仅要在新的机器上运行安装，而且要在已经安装了该软件的机器上运行。但是，如果能够快速重新安装和启动虚拟机，则可以删除具有旧软件版本的虚拟机，并搭建一台全新的虚拟机。如此，软件的安装应该会变得更加容易。在这一背景下，不得不提到 Phoenix 服务器：这类服务器随时都可以被重新创建，就像神秘的凤凰涅槃重生一般。

2.5.1 Docker 解决方案

Docker 提供了一个比虚拟化更有效的替代方案。它采用了若干种不同的技术。

- Docker 没有使用完全的虚拟化，而是使用了所谓的 Linux 容器（LXC，LinuX Container），后者使用 Linux 内核的 cgroups。这就为实现虚拟机的轻量级替代方案提供了可能：所有容器都使用相同的底层操作系统。因此，内存中只有一个内核实例。但是，进程、网络、文件系统和用户是分开的。与虚拟机相比，容器的开销要小得多，在一台简陋的笔记本计算机上，很容易就能运行数百个容器。此外，因为不需要启动任何操作系统，只需启动一个新进程，所以启动容器也比启动虚拟机快得多。而且容器只需要单独配置操作系统资源，很容易管理。除了将 LXC 作为基础技术之外，Docker 将来还准备支持 BSD Jails 或 Solaris Zones 等技术。
- 它对文件系统也进行了优化：基础镜像可以用于只读的情况。同时，将额外的文件系统混合到这个容器中，这样就可以在它之上写入了。一个文件系统可以覆盖到另一个文件系统上面，从而生成包含操作系统的基础镜像。如果在运行的容器中安装了软件，或者文件发生了变更，则只需要保存修改后的数据。这大大减少了硬盘上的容器对内存的需求。
- 有一些附加选项也很有趣：例如，一开始可以将操作系统作为基础镜像，然后安装软件。如前所述，在安装软件的时候只会保存对文件系统所做的更改。基于这些增量，可以生成一个新的镜像。然后可以启动一个容器，它混合了带有操作系统的基础镜像和这些增量——当然，随后也可以安装其他的软件。这样，文件系统中的每个“层”都可以包含变更。在运行时，可以由这些层组成实际的文件系统。这使我们可以有效复用软件安装。
- 图 2-4 展示了一个正在运行的容器的文件系统示例。Ubuntu 系统在最底层，它的上一层是 Java，然后是示例应用程序。为了使正在运行的容器仍然能够将更改写入文件系统，在其上有一个可以写入新文件和更新的文件的文件系统。当该容器读取文件时，它将从顶层开始遍历各个层，直到找到所需的文件。

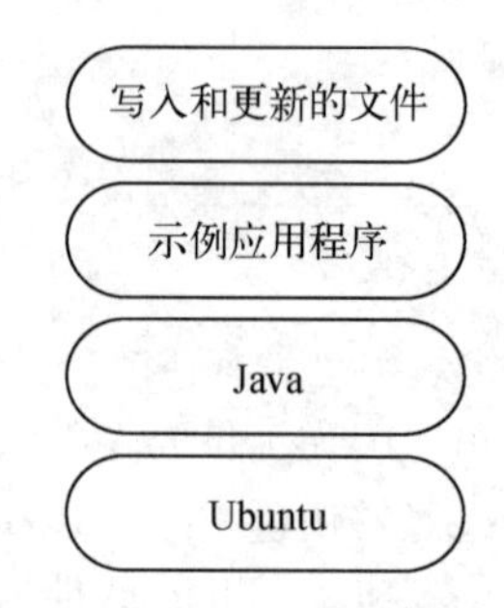

图 2-4　Docker 的文件系统

1. Docker 容器与虚拟化对比

如此，Docker 容器提供了一个非常有效的虚拟化替代方案。然而，其实说到底它并不是一种真正的虚拟化，因为每个容器只有一部分单独的资源，例如它自己的内存和文件系统，而内核是所有容器共享的。因此，这种方法也有一些缺点。比如，Docker 容器只能使用 Linux，而且只能使用与主机操作系统相同的内核，所以不能运行 Windows 应用程序。此外，容器之间的隔离不像在实际虚拟机中那样严格，内核中的错误将影响所有 Docker 容器。另外，虽然 Docker 不能在 Mac OS X 或 Windows 系统上运行，但是，可以借助 Vagrant（参见 2.5.4 节）或 Docker Machine（参见 2.5.5 节）来解决这个问题。在这些平台上也可以直接安装 Docker。但在幕后是由使用 Linux 的虚拟机来运行这些容器。

2. Docker 的目标

Docker 的主要目标是将容器用于软件的分布式。与普通进程相比，Linux 容器在分离单个应用程序方面做得更好。此外，当软件必须在另一个系统上安装时，只使用一个文件系统的镜像很容易就能完成。Docker 提供了一个镜像仓库，从而可以使用相同的镜像运行许多服务器。

3. Docker 容器之间的通信

Docker 容器之间总得以某种方式通信。例如，Web 服务器上的应用程序必须能够与数据库通信。为此，容器需要暴露其他容器可以使用的网络端口。此外，文件系统可以共享，在里面写入数据和读取数据。

最终，会得出一个组件模型，该模型中的软件分布于各个 Docker 容器，这些容器通过端口和文件系统进行通信。这很好地实现了软件的分布式。容器通常比传统的虚拟机粒度更细。在 8.3 节中，我们将向示例应用程序添加对日志文件的分析。为此，将使用许多 Docker 容器。如果使用的是一种纯粹的虚拟化方法，为了不浪费资源，所有这些组件可能都要在一台虚拟机上运行。

2.5.2　创建 Docker 容器

当然，原则上可以使用 Chef 或 Puppet 这样的解决方案来安装 Docker 容器。这些工具的基本优势在于安装是可复制的，并且严格定义了安装后系统的样子，这使得更新非常简单。脚本通过使用参数可以很容易地适应不同的需求，因而得以重用。然而，实际上编写这些脚本可能非常费时费力。

如果使用 Docker，安装文件的更新就没那么重要了：启动新容器的开销比启动虚拟机要小得多。容器的安装也是如此。此外，Docker 容器的粒度更细。因此，必须在单个容器中所做的安装也少得多。这使得安装更加简单，所需的资源也更少。

因此，对于 Docker 容器来说，除了通过 Chef 或 Puppet 进行安装之外，还有一个便利的替代方法，那就是在必须交付软件或组件的新版本时，彻底重新安装这个容器。创建一个全新的镜像不需再做那么多的工作，因为可以以一个全新的容器为起点，这大大减少了形成安装自动化的工作量。因此，这种方式不需要具备更新系统旧版本的能力。

如果仍然希望将 Puppet 或 Chef 与 Docker 结合使用，Packer 可以生成已经包含 Chef 或 Puppet 的配套 Docker 镜像。

1. Dockerfiles

Docker 镜像也可以以交互的方式生成。采用这种方式时，直接启动一个容器，用户可以使用相应的命令安装所需的软件。最后，创建出这个容器的镜像，以生成所需的容器实例，并准确地复制容器的状态。但是，对于新版本的软件，必须重复整个安装过程。另一种做法是用 Dockerfile。Dockerfile 实现了自动生成可以作为 Docker 容器文件系统基础的镜像。编写 Dockerfile 其实非常简单。

代码清单 2-7 展示了一个示例。使用这个 Dockerfile，可以将 Java 安装在一个用于 Docker 容器的镜像中。此镜像是安装其他软件（如 Tomcat Web 服务器或 Java 应用程序）的基础。

代码清单 2-7 安装 Java 的 Dockerfile

```
FROM ubuntu:15.04
RUN apt-get update ; apt-get dist-upgrade -y
RUN apt-get install -y openjdk-8-jre-headless
```

可以使用 `FROM` 指令导入其他的镜像。在本例中，使用了一个基础的 Ubuntu 安装。冒号前面是镜像名称，后面是标签——本例中是 Ubuntu 的版本号。此镜像从公共 Docker 仓库下载。与传统的 Ubuntu 安装相比，这个安装大大缩小了。为了尽可能减小容器镜像所占空间，它移除了大多数网络服务和许多常用工具。这个安装本身使用 `RUN` 指令行，在容器中执行。第一行 `RUN` 命令行负责更新 Ubuntu 系统。由于脚本执行的时间点不同，进行的更新也会不同。严格来说，这个安装是不可重现的。因此，在生产环境中以一个固定的镜像为起点更有意义。比如这个 Dockerfile 中的 `FROM` 命令行，它使用的是 Ubuntu 15.04，这个安装就是完全可重现的了。第二行 `RUN` 命令行将在镜像中安装 Java。

在幕后，Dockerfile 中的每一行都会导致一次提交：容器文件系统的变动将被写入文件系统的一个单独的层中（如图 2-4 所示）。因此，这个 Dockerfile 会生成两个镜像。

- 一个具有更新过 Ubuntu 系统的镜像。
- 一个安装了 Java 的镜像。

当另一个 Dockerfile 也使用相同的 RUN 命令更新 Ubuntu 系统时，不会形成额外的镜像，而是重用已经存在的中间镜像，即根本不会创建新的镜像。在这一方面，Docker 也针对效率做了优化。

总之，Docker 提供了一种非常简单的生成镜像和容器的方法，只需使用简单的脚本。

2. 构建和启动 Docker 镜像

可以使用 Docker 命令行工具生成 Docker 镜像。例如，使用以下命令生成 Java 镜像：

```
docker build -t java java
```

Docker 在 java 子目录中查找 Dockerfile，并基于此 Dockerfile 创建镜像。参数 -t 指定了 java，所以它会被标记为 java。第一次需要下载 Ubuntu 基础镜像和各种包，因此，该镜像的生成可能需要一些时间。

如果想用这个镜像启动新的容器，可以使用以下命令行：

```
docker run java echo "hello"
```

在这个容器上执行 echo "hello" 命令，之后又会自动关闭这个容器。

使用命令 docker run -i -t java /bin/bash 将以同一个镜像启动容器，但是会有一个等待命令输入的 shell 窗口。选项 -i 用于防止容器立即停止，选项 -t 将虚拟终端连接到容器。因此，接下来的任何命令都会立即转到这个容器。

尝试和实验

本章将对 Docker 做更详细的介绍，在后面的第 8 章中也将会使用它生成复杂环境的示例。目前有一些基本的任务还是值得练一练的。

- 查阅 Docker 在线文档。
- 基于本章的内容，创建一个含有 Java 的 Docker 镜像。找出除了 Ubuntu 基础镜像和安装了 Java 的镜像之外，还生成了哪些镜像。提示：在不加任何参数的情况下启动 docker 时，将显示一份列表，列出所有可供使用的命令。其中有一条 list 命令用于列出镜像，使用该命令时必须提供相应的参数。在执行 Docker 命令时，如果添加 -h 参数，将会得到该命令可能会用到的所有参数。

2.5.3 使用 Docker 运行示例应用程序

使用 2.5.2 节创建的镜像，很容易就能通过 Docker 把示例应用程序运行起来。所需的 Dockerfile 如代码清单 2-8 所示。COPY 命令行负责将该应用程序从主机的文件系统复制到 Docker 镜像中。CMD 命令行定义了启动容器时要执行的命令。执行这条命令行时，该应用程序也会启动，其日志文件保存在/log 目录中。EXPOSE 命令行暴露了容器的 8080 端口，使其对外可用。

代码清单 2-8 示例应用程序的 Dockerfile

```
FROM java
COPY user-registration-application-0.0.1-SNAPSHOT.war
user-registration-application-0.0.1-SNAPSHOT.war
CMD /usr/bin/java -Dlogging.path=/log/ -jar
user-registration-application-0.0.1-SNAPSHOT.war
EXPOSE 8080
```

生成该镜像所做的工作与上一节描述的完全一样。不过，该镜像的启动更有意思了：

```
docker run -p 8080:8080 -v /log:/log user-registration
```

参数-p 将容器的 8080 端口连接到主机的 8080 端口，从而通过该主机端口访问该应用程序。同样，主机的/log 目录也连接到了容器的/log 目录上。通过这种方式，容器就可以访问其主机上的这个目录了。

如果是为了测试，那么就不要将可执行文件存储到 Docker 镜像中，而应从主机文件系统中读取它们。这样一来，该应用程序的每次变更都可以立即用于该 Docker 容器。只需要确保在该容器中挂载了构建输出的'/target '目录，并修改了用于启动 Java 进程的命令行，使其从该目录中读取可执行程序。

理论上，应该从仓库服务器载入构建的结果，然后复制到镜像中。此外，还可以通过这个构建过程直接生成 Docker 镜像。

其他 Docker 命令

docker ps 命令可显示当前运行的容器，使用 docker ps -a 还可以显示已经停止的容器。docker logs 会显示容器的日志输出，但必须通过参数指定容器 ID。还可以从仓库中存储和加载镜像，相应的命令分别为 docker push 和 docker pull。

尝试和实验

使用 Git 命令行工具克隆示例项目，要用到的命令为：

```
git clone https://github.com/ewolff/user-registration-V2.git
```

可以在 docker 子目录中找到前文所述的应用程序安装(参见 https://docs.docker.com/installation/)。

(1) 首先，在 user-registration-application 子目录中用 `mvn install` 编译应用程序。

(2) 然后，针对 Docker 子目录中的 Java 和 user-registration 生成 Docker 镜像。可以通过类似于 `docker build -t java java` 的命令来完成。注意，你需要创建两个镜像。

(3) 使用 `docker run -p 8080:8080 -v /log:/log user-registration` 将该应用程序作为 Docker 容器启动。也许你必须使用不同于/log 的目录来保存日志文件。此目录将含有作为日志文件的流程输出，便于查找错误。

(4) 将生成 Docker 镜像作为构建过程的一部分，而不是通过单独调用 Docker 来生成。有一些可以直接生成 Docker 镜像的 Maven 插件，可以将这样的插件集成到构建过程中，从而在每次构建时生成 Docker 镜像。

2.5.4 Docker 和 Vagrant

Vagrant（参见 2.4 节）可以将 Docker 作为提供者来使用。这里用的不是具有 VirtualBox 的虚拟机了，而是具有 Docker 的 Linux 容器。因为在一个单独的 Vagrantfile 中定义了镜像的创建和带有正确参数的容器的启动，所以很容易就能生成由多个 Docker 容器组成的系统。此外，访问主机的文件系统也变得更容易了。

然而，使用 Docker 与使用 VirtualBox 有很大的不同：Chef 和 Puppet 在大多数 Docker 镜像中是不可用的。此外，由于容器上没有可用的 SSH 服务器，用户通常无法通过 SSH 连接到机器。因此，用 Docker 简单地替换 VirtualBox 是不可能的。

将 Vagrant 作为提供者

除了使用 Chef 或 Puppet 进行供应，还有另一种替代选择——以 Dockerfile 定义容器。然后，Vagrant 将启动一台虚拟机，在其中安装 Docker，并在 Dockerfiles 的帮助下生成和启动必要的容器。

代码清单 2-9 用于示例应用程序的 Vagrantfile

```
Vagrant.configure("2") do |config|
  config.vm.box = "ubuntu/vivid64"
  config.vm.synced_folder "log", "/log", create: true
  config.vm.network "forwarded_port", guest: 8080, host: 8090

  config.vm.provision "docker" do |d|
    d.build_image "--tag=java /vagrant/java"
    d.build_image "--tag=user-registration /vagrant/user-registration"
  end
  config.vm.provision "docker", run: "always" do |d|
    d.run "user-registration",
      args: "-p 8080:8080 -v /log:/log"
  end

end
```

对于该示例应用程序，可以使用 2.5.2 节和 2.5.3 节介绍的 Dockerfile，也可以使用代码清单 2-9 中的 Vagrantfile。Vagrant 安装 Docker 时以 Ubuntu 镜像作为基础。`d.build_image` 行用于生成相应的镜像。它们在机器供应期执行，即仅在第一次调用 `vagrant up` 时执行。后面的 `run: "always"` 负责确保 Docker 容器在每次调用 `vagrant up` 时都启动 `d.run`，而不只是在首次调用 `vagrant up` 时启动。

其余配置用于连接的目录和网络端口。首先，运行 Vagrant 的主机上的端口和目录连接到 Docker 的虚拟机上。然后，运行 Docker 的虚拟机上的端口和目录再连接到 Docker 容器上。

图 2-5 展示了几个不同的层。

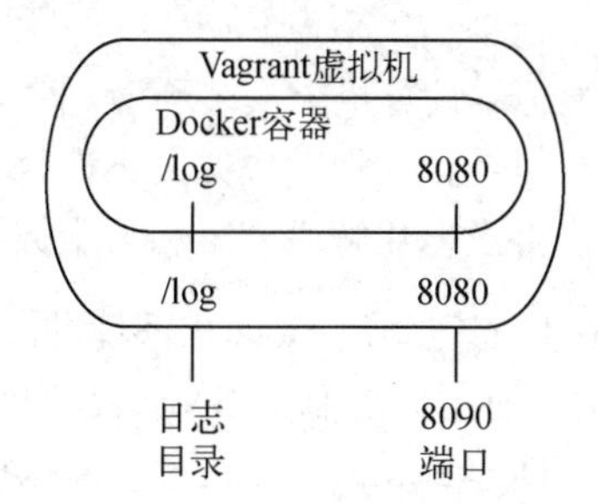

图 2-5 绑定 Docker、Vagrant 和主机之间的目录和端口

- 这个 Vagrantfile 通过 `config.vm.synced_folder` 将主机上的/log 目录与 Vagrant 虚拟机上的/log 目录连接起来。使用 `d.run` 的`-v` 参数将其/log 目录映射到 Docker 容器的/log 目录。
- 该主机上的 8090 端口映射到 Vagrant 虚拟机上的 8080 端口，然后映射到 Docker 容器上的 8080 端口。因此，也可以通过 http://localhost:8090 地址使用这款应用程序。
- 使用 `vagrant up` 命令启动这台 Vagrant 虚拟机。生成相应的 Docker 镜像，并启动相应的容器。`vagrant provision` 只负责生成 Docker 镜像并启动容器。当然，也可以使用 Docker 命令行工具。但是如果要这么做，则必须通过 `vagrant ssh` 开启一个该 Vagrant 虚拟机的会话。

尝试和实验

(1) 安装 Vagrant（参见 2.4.1 节）。

(2) 使用 Git 命令行工具克隆该示例项目：`git clone https://github.com/ewolff/user-registration-V2.git`。

(3) 在该示例项目中，docker 目录下有一个 Vagrantfile。在 Vagrant 中，它会将该示例应用程序部署为一个 Docker 容器。启动这个环境。

该解决方案将应用程序复制到了Docker镜像中。或者，也可以直接将应用程序的Maven构建目录挂载到主机和Docker镜像中。这需要首先将主机的target子目录挂载到Vagrant虚拟机，通过 `config.vm.synced_folder` 可以实现。随后，还必须将此目录挂载到Docker容器中。在此Vagrantfile中，已经把log目录挂载到了Docker容器中，对于target目录也要这么做。最后，用于启动的命令行更改为所用的目录。

如前所述，Vagrant也可以使用Docker作为提供者。可基于该示例生成一套适当的环境。

2.5.5　Docker Machine

Vagrant可用于在开发人员的笔记本计算机上安装环境。除了使用Docker之外，Vagrant还可以使用简单的shell脚本进行部署。但是，这种解决方案不适合生产环境。而Docker Machine是专门针对Docker开发的，它支持许多虚拟化解决方案和云服务提供商。

图2-6展示了Docker Machine是如何创建Docker环境的。首先，基于VirtualBox之类的虚拟化解决方案安装虚拟机。在本例中使用的是Boot2Docker（这是一款非常轻量级的Linux），将它作为Docker容器的运行时环境。Docker Machine在这台虚拟机上安装Docker的当前版本。命令大体是这样的：`docker-machine create --driver virtualbox dev for instance`。这条命令生成一套名为dev的新环境，该环境在VirtualBox机器上运行。

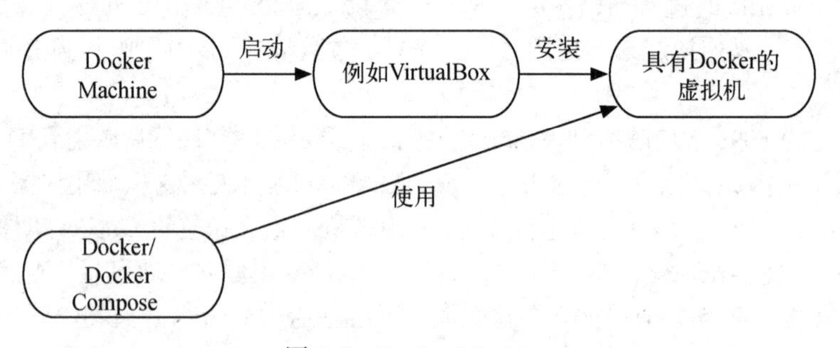

图2-6　Docker Machine

现在Docker工具可以和这台计算机通信了。Docker命令行工具使用REST接口与Docker服务器通信。因此，只需要以适当的服务器通信方式配置命令行工具。在Linux或Mac OS X系统中，使用 `eval "$(docker-machine env dev)"` 命令即可适当地完成对Docker的配置。如果使用Windows PowerShell，则命令类似于 `dockermachine.exe env --shell PowerShell dev`，而Windows命令类似于 `cmd docker-machine.exe env --shell cmd dev`。

因此，Docker Machine使安装Docker环境变得非常容易。所有这些环境都可以由Docker Machine来管理，使用Docker命令行工具就可以访问它们。由于Docker Machine还支持Amazon Cloud和VMware vSphere等技术，因此也可以使用它创建生产环境。

尝试和实验

(1) 在 https://docs.docker.com/machine/#installation 中描述了 Docker Machine 的安装过程。

(2) Docker Machine 需要像 VirtualBox 之类的虚拟化技术。在 https://www.virtualbox.org/wiki/Downloads 中介绍了 VirtualBox 的安装。

(3) 现在，可以使用 `docker-machine create --driver virtualbox dev` 命令在虚拟机上创建一套 Docker 环境了。

(4) `docker-machine env dev` 说明了如何访问这个环境。这必须输入类似于 `eval "$(docker-machine env dev)"`（用于 Linux / Max OS X）、`docker-machine.exe env --shell cmd dev`（用于 Windows PowerShell），或者 `docker-machine.exe env --shell cmd dev`（Windows cmd shell 命令）这样的命令。如果没有自动正确地检测到 shell，也可能需要提供`--shell` 参数。

(5) 使用 Git 命令行工具克隆示例项目 :`git clone https://github.com/ewolff/user-registration-V2.git`。

(6) 现在，可以使用 `docker build -t java java` 命令在 Docker 目录中创建 Java Docker 镜像了。

(7) 同样，可以在该 Docker 目录中使用 `docker build -t user-registration user-registration` 命令生成包含该应用程序的 Docker 镜像。

(8) 然后，可以使用 `docker run -p 8080:8080 -d user-registration` 命令启动这个应用程序。这将把 Docker 容器的 8080 端口连接到服务器的 8080 端口。

(9) 执行 `docker-machine ip dev` 命令返回该环境的 IP 地址。该应用程序在 8080 端口下可用，可以在浏览器中以 http://:8080/之类的 URL 来访问它。

(10) https://docs.docker.com/machine/get-started-cloud/展示了如何将 Docker Machine 与云一起使用。因此，该示例应用程序可以很容易地在云环境上启动。唯一有变化的是使用 `docker-machine create` 创建的环境的安装。

(11) 在实验结束时，执行 `docker-machine rm` 命令删除此环境。这对于降低成本来说非常重要，尤其是在云环境中。

2.5.6 Docker 的复杂配置

本章中的这款示例应用程序是一个特例。它是一款非常简单的应用程序，不使用任何数据库。它由一个容器组成，更复杂的环境会包含多个容器，这些容器还必须彼此通信。Docker 容器最终是一个组件，例如，是一个数据库或一款 Web 应用程序，它能够与其他组件一起交付服务。

实现 Docker 容器的相互通信有两种选择。

- 暴露容器的端口。在该示例应用程序中，Web 应用就是用来侦听请求的端口的。这样的端口不仅可以被主机使用，也可以被其他容器使用。这需要在容器之间建立所谓的连接。

- 容器可以使用主机的目录，同样，容器也可以使用特定的数据卷，使容器的一部分文件系统可以被其他容器并行使用。

因此，Docker 容器可以用来实现通过端口或共享目录交换信息的独立组件。在第 8 章中，使用这种方法生成了一个更复杂的系统，该系统由示例应用程序和针对此应用程序的日志分析组成。

1. Docker Registry

Docker 镜像包含虚拟硬盘的数据。Docker Registry 提供了保存和下载 Docker 镜像的功能，从而将 Docker 镜像作为构建过程的结果保存起来，并随后部署到服务器上。由于镜像可以高效地存储，因此也很容易以高性能的方式完成复杂的分布式安装。此外，还有许多云服务可以直接运行 Docker 容器。

2. 集群中的 Docker

在目前描述的场景中，容器都是在服务器上使用 Docker 部署的。最终，Docker 变成了一款用于软件安装的自动化工具。这种方法只是改变了操作系统层之上的软件：现在不再使用单独的进程和安装脚本或像 Chef 这样的安装工具，而是使用 Docker。但仍然运行在久负盛名的 Linux 操作系统之下。

但是，最好能够直接在集群上部署 Docker 容器系统。这样就可以根据负载和可用性需求启动多个容器实例。不过，Docker 解决的问题大多数公司已经通过虚拟化解决了。

针对这样的场景，可以使用以下技术。

- Apache Mesos 是一个调度器，它管理一组服务器，并将作业分配给特定的服务器。Mesosphere 使你可以借助 Mesos 调度器运行 Docker 容器。Mesos 还支持许多其他类型的作业。
- Kubernetes 同样支持在集群中执行 Docker 容器。然而，它与 Mesos 采用的方法不同。Kubernetes 提供了在集群中分发 pod 的服务。pod 关联着应该在物理服务器上运行的若干 Docker 容器。使用 Kubernetes 只需要简单地安装操作系统，集群管理可交由 Kubernetes 实现。Kubernetes 基于的是管理 Linux 容器的谷歌内部系统。
- CoreOS 是一款非常轻量级的服务器操作系统。它通过 etcd 支持集群级的分布式配置。fleetd 使我们可以在集群中部署服务，包括冗余安装、故障—安全、依赖关系和在一个节点上共享的部署。所有服务都必须部署为 Docker 容器，同时该操作系统本身基本保持不变。CoreOS 可以作为 Kubernetes 的基础。
- Docker Machine 支持在不同的虚拟化和云系统上安装 Docker（参见 2.5.5 节）。Docker Compose（参见下一小节）可以配置更多的 Docker 容器以及容器之间的连接。Docker Swarm 可以将使用 Docker Machine 生成的服务器组合到一个集群中。Docker Compose 的系统配置可以定义系统的哪些部分应该分布在集群中，以及它们应该如何分布。

2.5.7 Docker Compose

Docker Compose 支持将 Docker 容器及其定义作为服务一起交付。YAML 是 Docker Compose 文件的格式。

我们可以看看示例应用程序的配置和监控解决方案 Graphite，这些将在 8.8 节中进行更详细的讨论。

代码清单 2-10 展示了用于 Graphite 监控的示例应用程序的配置。它包括以下类型的服务。

- carbon 是保存该应用程序监控数值的一台服务器。build 配置项定义了在 carbon 子目录中有一个 Dockerfile，可以通过它生成服务的 Docker 镜像。port 配置项以 2003 端口暴露了运行该容器的主机的 2003 端口。应用程序可以使用此端口在数据库中保存数值。
- graphite-web 是一款 Web 应用，用户可以使用它分析数值。可以在主机上的 8082 端口下访问它，该端口被重定向到了 Docker 容器的 80 端口。`volumes_from` 配置项确保在这个容器中也可以访问硬盘，该硬盘中包含来自 carbon 容器的 Whisper 数据库的数据。Whisper 是一款存储和检索指标的数据库。
- 最后，user-registration 容器包含了这款应用程序本身。由于该应用程序通过 carbon 容器的端口传递监控数据，因此这两个容器有一个 carbon 连接，user-registration 容器可以在 carbon 主机下访问 carbon 容器。

代码清单 2-10 针对示例应用程序和监控的 Docker Compose 配置

```yaml
carbon:
  build: carbon
  ports:
    - "2003:2003"
graphite-web:
  build: graphite-web
  ports:
    - "8082:80"
  volumes_from:
   - carbon
user-registration:
  build: user-registration
  ports:
    - "8083:8080"
  links:
   - carbon
```

与 Vagrant 的配置不同，这里没有 Java 容器，即只包含 Java 安装的容器。原因是 Docker Compose 只支持真正提供服务的容器。因此，这种基础镜像均从互联网上加载。

这个配置创建的系统里面有三个容器，彼此通过网络连接或共享文件系统进行通信（如图 2-7 所示）。

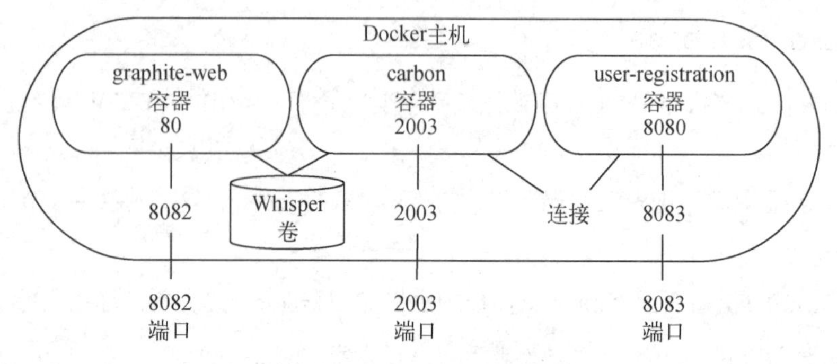

图 2-7　Docker Compose 设置

尝试和实验

(1) 首先生成一个 Docker 环境，比如使用 Docker Machine（参见 2.5.5 节）。安装之后就可以执行 docker 命令了。

(2) 安装 Docker Compose（参见 https://docs.docker.com/compose/install/）。

(3) 使用 Git 命令行工具克隆该示例项目：`git clone https://github.com/ewolff/user-registration-V2.git`。

(4) 切换到 graphite 子目录。

(5) 基于 Docker Compose 的配置通过 `docker-compose` 创建出这个系统，生成相应的镜像。

(6) 然后使用 `docker-compose up` 启动该系统。Docker Compose 可以使用与 Docker 命令行工具相同的设置。它也可以与 Docker Machine 一起工作。因此，无论系统是在本地虚拟机上创建的，还是在云平台的某个地方创建的，对于用户来说都是透明的。

现在可以在指定的端口下访问这个系统了。还有一些其他的实验也很有趣。

- 准确概括 user-registration 和 graphite-web 容器之间的卷是如何工作的。为此，可以查看 Dockerfile，弄清这个卷具体是在哪里定义的。
- 了解 Docker Registry 是如何工作的。将示例应用程序下载到一个 Docker 仓库中，并在那里启动它。
- 使用 Docker Swarm 在集群中运行该应用程序，扩展由 Docker Machine 和 Docker Compose 组成的设置。由于 Docker Swarm 能够在 Docker Machine 的基础设施上运行，而且 Docker Compose 配置可以包含 Docker Swarm 的设置，因此这应该不难做到。
- 使用 Docker Compose 的配置，系统还可以在 Mesos/Mesosphere、Kubernetes 或 CoreOS 上运行。然而，这种基础设施与简单的 Docker 基础设施有很大的不同，因此所需的工作量更大。
- 像 Amazon Cloud 之类的解决方案还可以通过 EC2 容器服务运行 Docker 容器。这也可以作为运行 Docker 系统的基础。

2.6 不可变的服务器

像 Chef 这样的解决方案关注幂等性（参见 2.3 节）：无论调用安装脚本的频率有多高，结果都应该是相同的。因此，脚本描述了期望的服务器状态。在安装运行期间，将执行必要的步骤以达到此目标状态。

2.6.1 幂等性的缺点

然而，这种方法也有缺点。

- 描述服务器的目标状态可能比定义所需的安装步骤更复杂。
- 这种描述并非没有漏洞。当脚本不包含有关资源（如文件或包）的信息时，就无法将该资源调整到所需的状态。更进一步，当该资源有重要作用但不处于必要状态时，可能会导致错误。
- 服务器在运行时通常会保持更新到当前配置，但不会完全重新安装。在这种情况下，可能无法再创建一台全新的服务器，因为这些永久更新引入了一些未在当前运行的安装上执行的变更，例如，已经把它们从脚本中删除了。这种情况很危险，因为生产环境中的配置实际上是什么样子已经不够清楚了，而且再安装一台包含所有变更的新服务器也很难。

因此，最好总是完全重新创建一台服务器。以这种方式，可以确保服务器符合所有需求。不可变服务器正是基于这种思想。服务器总是通过在一个基础镜像上安装软件来完整地创建出来。当需要更改配置或安装时，将创建一个全新的镜像。服务器的安装永远不会被调整或修改。这确保了服务器在任何时候都能被真正地重现出来，并且它们总是具有完全正确的配置。

虽然创建不可变服务器的工作量乍一看非常大，因为必须完全重新安装最终的服务器，但是与持续交付流水线中的其他阶段相比，这项工作所占的比重其实相当小。一般来说，测试阶段的工作量才是最大的。

2.6.2 不可变服务器和 Docker

另外，在使用不可变服务器时，使用 Docker 带来的优化尤其显著。例如，如果 Dockerfile 中的最后一步是把一个修改过的配置文件复制到镜像里，那么可以非常快速地创建出新的 Docker 镜像。此外，它几乎不需要硬盘上的任何存储空间，因为 Docker 总是在安装的每一步都使用一个镜像。因此，Docker 可以重用以前安装的基础镜像，只有在最后复制配置文件那一步才真正需要新的镜像。但是，这个镜像不会很大，而且可以快速生成。

通过这种方式，Docker 可以与一台不可变的服务器相结合，保证软件安装达到明确状态，而且安装方法比幂等安装还要容易。当然，无须 Docker 也可以实现不可变的服务器，或者将 Docker 与 Chef 结合在一起使用。

2.7　基础设施即代码

相较于传统的方法，目前为止介绍过的工具将改变基础设施的特征。实际上，基础设施被转换成了代码，就像应用程序的产品代码一样。因此，通常会使用“基础设施即代码”这样的说法。基础设施不是在复杂的手动流程中生成的，而是在自动化流程中生成。这么做有很多好处。

- 首先，基本上避免在创建环境时产生错误。每个环境都是相同软件的输出。因此，所有的环境看起来应该是一样的。这为生产环境中的交付带来了额外的保障。
- 其次，在防火墙规则和网络拓扑的级别上，保证测试环境与生产环境完全相同。实际上目前大多数测试环境与生产环境是不同的。因此，如果将基础结构作为代码，可以避免这种差异。从而提高测试的预测价值，减少生产阶段才发现的错误。
- 在传统方式下，如果在测试过程中出现环境问题，或者环境被无意改变时，只能通过手动修复来解决。基础设施即代码可以简单地删除问题环境，以新的环境替代，或者借助自动化来修复这个环境。
- 再次，基础设施可以与软件一起进行版本控制。这确保软件和基础设施是匹配在一起的。当某个软件版本需要做特定的基础设施变更时，这种机制可以确保引入该变更。
- 最后，可以建立变更基础设施的流程，从而对所有变更进行审查。除此之外，该机制还能确保所有基础设施变更都有可追溯的文档记录。
- 此外，基础设施即代码有助于追踪所安装的软件。每个安装和每个组件都可以在安装规则中找到，这便于编目。因此，这种方法解决了通常需要配置管理系统的问题。这样也可以集中部署必要的更新，例如由于安全问题进行的更新。
- 通常，可用的环境数量总是有限的。况且，还要管理它们：必须安装新软件或提供测试数据。自动化无须太多精力即可完成环境的安装。此外，如果能够通过虚拟化灵活地提供服务器，那么原则上可以生成无数个环境。特别是在测试阶段，其作用更为显著，因为许多版本和问题都可以并行测试了。理想情况下，在门户网站上简单地选择环境，就可以自动地提供给你。同样，也可以在高负载时启动新的环境。例如，在年终业务繁忙时安装额外的服务器，用完之后再删除。
- 运维属于持久性的成本压力。与此同时，应用程序的数量以及因此产生的系统数量在不断增加——在一定程度上，这也是由于虚拟化降低了硬件成本。为了让规模越来越大、结构越来越复杂的“动物园”仍然能够由现有的运维团队支撑下去，运维必须变得更加高效。要实现这一目标，就需要借助于自动化和基础设施即代码这样的工具。
- 为了真正从这些优势中获益，就应该只以基础设施代码的变更来引入基础设施的变更。要在现实中实现这个目标是相当困难的，因此，降低环境的复杂度会很有意义。

基础设施即代码的测试

由于基础设施转换为了代码，因此代码的规则通常也适用于它，例如，为代码编写测试。这是针对业务逻辑的常见实践，当然也能够应用于基础设施自动化。因此，就出现了一些迎接这一挑战的专用工具[1]。它们共同的主题是测试驱动的基础设施。

1. Serverspec

Serverspec 提供了一个实现此类测试的选项，该技术可以开发此类测试，以定义测试服务器在运行安装之后应该处于的状态。这些测试通过 SSH 来执行，因此不需要在待测试的服务器上安装复杂的软件，而且服务器的状态评估独立于所使用的基础设施自动化。

2. Test Kitchen

Test Kitchen 是专门针对 Chef 设计的解决方案。它借助于不同的虚拟化解决方案对 Chef 脚本进行测试，并支持 Chef 代码的测试驱动开发，也就是说，在自动化基础设施之前就可以生成测试了。

3. ChefSpec

除了以上两种工具，还可以使用 ChefSpec 执行单元测试。使用它的时候，其实没有真正地执行自动化，而是模拟出来的。这使我们可以更快地执行测试，从而快速地给出反馈。然而，由于没有安装真正的服务器，这些测试的预测价值多少会有些受限。此外，如果该应用程序需要在启动时至少简单地检查所有必要的资源是否可用和可以访问，那么它也能派上大用场。还有，它能够确保配置在语法上是正确的，因此，可以及早发现和解决潜在的问题。

2.8 平台即服务

像 Docker、Chef 和 Puppet 之类的解决方案都有一个共同点：自动安装复杂的应用程序，并构建一个独立的技术栈。例如，针对 Java 应用程序，它们会首先在操作系统上安装 Java 运行时环境，然后再按需生成应用程序或 Web 服务器，之后再将该应用程序部署在此服务器上。其他服务（例如数据库）必须在安装后提供给该应用程序。

原则上，也可以采用另一种方法。如果环境是标准化的，即总是使用相同的应用服务器和数据库，那么处理应用程序就要容易得多——只需提供标准化的环境，然后将应用程序安装到这个环境里即可。这正是 PaaS（平台即服务）采用的方法：提供标准化的平台，让用户可以在其上部署应用程序。这使得自动部署更加容易，通常只需调用一下命令行工具。但也降低了灵活性，引入对这个平台的变更不再容易了。

以下列举了一些 PaaS 产品。

---

① 详见由 Stephen Nelson-Smith 所著的 *Test-Driven Infrastructure with Chef: Bring Behavior-Driven Development to Infrastructure as Code*。

- Cloud Foundry 是一个开源项目，可以安装在自己的数据中心，也可以在公共云中使用。围绕着 Cloud Foundry 已经成长起来一个完整的生态系统，其中有许多公共 Cloud Foundry 设施的扩展和运营商。Cloud Foundry 使用所谓的 Buildpacks 来支持不同的编程语言。目前，有针对 Java、Node.js、Ruby 和 Go 的 Buildpacks。至于其他语言，可以使用自己的 Buildpacks 或者试试 Heroku Buildpacks。此外，还可以将数据库作为可供应用程序使用的服务集成到平台中。
- Heroku 只能在公共云中作为 PaaS 来使用。它通过 Buildpacks 可以支持多种语言，除了 Ruby、Node. js、PHP、Python、Go、Scala、Clojure 和 Java 之外，还有一些针对风格奇异的语言（如 EMACSlisp）的 Buildpacks，它们由社区提供支持。插件可以引入数据库或其他方面的支持，例如，分析日志文件。由于 Heroku 运行在 Amazon Cloud 中，因此也可以在 Amazon Cloud 的服务器上安装其他功能，然后通过 Heroku 应用程序来使用。
- Google App Engine 是一个支持 PHP、Python、Java 和 Go 的公共云 PaaS。此外，还有一个基于 MySQL 的 SQL 数据库和一个简单的 NoSQL 数据库。
- Amazon Elastic Beanstalk 使用支持 Node.js、PHP、Go、Python、Ruby、.NET 的 Apache HTTP 服务器，以及支持 Java 的 Apache Tomcat，它也支持 Docker。该服务在 Amazon Cloud 中运行，因此可以访问各种各样的数据库和其他软件组件。此外，还可以自己安装服务器并在 Amazon Cloud 中运行，这样任何解决方案都可以实现了。
- 微软的 Azure App Service 支持.NET、Node.js、Java、PHP、Python 和 Ruby。它由各种数据库扩展选项范围，如 Oracle 和 Microsoft SQL Server。因为它在 Azure 中，所以同样可以运行任何服务器，也几乎可以运行任何应用程序。
- Red Hat 的 OpenShift 除了可以在公共云中安装之外，还提供了一款可以安装在自己的数据中心里的产品。OpenShift 支持 Haskell、Java、PHP、Node.js、Ruby、Python 和 Perl。至于 Java，除了 Tomcat 之外，还可以使用 JBoss 和 Vert.x。另外还提供了类似于 MongoDB、PostgreSQL 和 MySQL 的数据库。

特别是在必须通过 Web 访问应用程序的情况下，这些方法具有得天独厚的优势：很容易扩展应用程序，而且由于许多服务具有分布在世界各地的数据中心，因此可以实现很高的可用性。这意味着没有必要运营自己的数据中心和互联网连接，这通常还会降低成本。但当应用程序必须在数据中心就地运行时，情况就不同了——例如，出于数据安全性的考虑。在上述列举的产品中，除了 OpenShift 和 Cloud Foundry 之外，大多数解决方案的初衷是不想被安装在自己的数据中心里。而且，安装这样的环境既复杂又费力。因此，在这种情况下，通常使用 Puppet、Chef 和 Docker 等解决方案会更具可行性。此外，还有一些像 Flynn 和 Dokku 之类的解决方案，它们基于 Docker 实现了简单的 PaaS 云解决方案。

尝试和实验

以上提到的解决方案提供了免费测试使用权，并提供了入门的教程。虽然示例应用程序只是一款简单的 Java 应用程序，但是它也需要 Servlet 3.0 的支持。现在，选择一家云提供商，在其系统中注册，并尝试将这款应用程序运行起来。

2.9 数据和数据库的处理

在提供基础设施的过程中，数据库提出了一项特殊的挑战。因此，本书准备拿出一整节来专门讨论这个主题。

关系数据库有一个模式，它决定了存储在数据库中的数据的结构。因此，在安装数据库之后必须为其指定一个模式。当然，这可以通过一段具有配套模式的空数据库的脚本来实现。然而，这种方法有一处严重的缺陷：它的起点是一个空的数据库。因此，如果生产环境已经使用，数据库中已经存储了数据，那么这个策略就行不通了。这个问题类似于 2.2 节中提到的安装脚本：盲目地安装软件是没有意义的。选用的方法必须能够处理不同的起点状态（在本例中是数据库），并将它们全部转换为所需的最终状态。当生产环境中有旧版本的数据库时，必须能够适当地更新数据库。这可能需要数据迁移，例如，为新的列提供默认值。但是，如果数据库的版本已经是最新的了，则不应该进行这种迁移。

2.9.1 模式的处理

如果要修改数据库中数据的模式，则必须修改所有访问该数据的应用程序。因此，如果多个应用程序访问了同一个数据库，而其中一些应用程序没有做进一步的开发，那么修改模式实际上是不可能的。因此，应该避免对数据库进行共享访问，特别是在需要经常修改软件并使用持续交付的情况下。

针对这些场景，有一些工具可供选择，它们都采取了类似的工作方式。

- 数据库本身内部保存一个版本号。通过这个版本号，就可以清楚地了解到该数据库中的模式属于哪个版本。
- 为了使数据库从一个版本更新到下一个版本，需要开发配套的脚本。这些脚本可以对模式进行必要的更改，并且适当地调整数据本身。
- 如果有必要，还可以开发脚本从当前数据库版本重新生成较旧的版本，例如，撤销更改。这很有意义，例如，如果测试数据库的模式版本太新，那么将无法测试旧版本软件的缺陷是否已经修复。

使用这种方法，工具可以确定迁移需要做哪些操作。当需要把数据库中的模式版本更新到 42 时，发现当前该数据库的模式版本为 38，则需要将版本从 38 迁移到 39，然后再迁移到 40、

41，最终到42要执行的脚本。在完全是个空数据库时，所有脚本将一个接一个地运行。

有很多工具支持这种方法。

- 作为Ruby on Rails的一部分，Active Record Migrations提供了对这种方法的支持。它以Ruby DSL来编写变更脚本。这个工具很值得一提，因为它是第一款基于这种方法的工具。
- Flyway使用Java实现了类似的方法。可以用SQL来实现脚本，也可以用Java来实现。
- Liquibase也是用Java实现的，但通常使用它自己的DSL来编写脚本，而不是SQL。

除了这些工具之外，还有许多类似的工具可以集成到流行的软件开发环境中。

但是，模式问题仅仅局限于关系数据库。我们还有另一种选择——使用NoSQL数据库。它们在模式方面更加灵活，实际上，任意数据都可以存储在其中。因此，它没有严格的模式定义，也永远不需要修改什么模式定义。不要低估了这个好处，有些项目正是由于这个原因没有使用关系数据库，而是改用了NoSQL数据库。其实，在关系数据库中，迁移数据和更改模式是一个很现实的问题，特别是在大型数据集的情况下。

2.9.2　测试和主数据

除了处理模式之外，关于数据库还有一个更深入的问题：空的数据库没有多大意义。通常，数据库必须包含特定的主数据，对于测试来说是测试数据，在生产环境中自然是生产数据。

主数据可以用脚本生成，这些脚本还必须能够处理数据库已经包含数据的情况。因此，比如可以通过各自的模式迁移工具的脚本来生成主数据。测试数据也是如此。

另外，也可以将生产数据备份出来作为测试的数据。当然，如果这种方法违背了数据安全指南，是不能这么做的。此外，还得调整测试用例以适应这些数据，并且必须在各个阶段都保持一致。如果生产环境中的数据已经被修改了，那么可能会导致测试过程中的失败。

因此，根据实际情况，定义一个适合于测试场景的特定测试数据集更有意义。这样才能确保测试数据符合测试场景。然而，如果任务是迁移旧数据，则应该尽早运行尽可能多地包含旧数据的测试，因为这样的数据集会带来许多意外的惊喜，这是合成方法创建出来的测试数据中没有的。例如，旧数据中通常包含重复的数据集或与模式不一致的数据集（即实际上无效的数据集）。这些数据集对于测试尤为重要，因为它们可能引发软件中的问题。因此，在这种情况下，应该争取尽早地使用实际的生产数据运行测试。

最后一个问题是，因为存储的数据量不同，数据库的表现可能也会有所不同。因此，模式迁移虽然在测试数据集较少的情况下没有问题，但是在生产系统上执行可能就会失败，因为这里的数据量要大得多。如果临近版本发布时才注意到这一点，那就太晚了。因此，尤其是数据的迁移，必须及时用实际的数据量进行测试。

除了这些相当技术性的方法之外，还有一些方法侧重于从概念本质上处理数据库。因此，11.5节从体系结构的角度讨论了处理数据库的方法，并再次解释了数据库与持续交付的相关性。

2.10 小结

本章介绍了用于基础设施的各类技术。

- Chef 使环境的构建成为可能。在此过程中，只描述了期望的环境状态。然后由 Chef 将环境转变到这个状态。这种方法避免了许多涉及普通安装脚本的问题。此外，目前已经有了许多立即可用的脚本。
- Knife 和 Chef 服务器可以用来轻松地启动和安装服务器，只需调用命令行工具即可。
- Vagrant 与它们不同，它非常适合在开发人员的计算机上构建环境。
- Docker 是一个有趣的替代选项：除了作为一个非常有效的虚拟化替代方案之外，Docker 容器还支持使用简单的脚本安装软件。甚至可以相对简单地在集群中安装 Docker 容器。
- Docker Machine 几乎支持在任何服务器上安装和执行 Docker 容器。
- 使用 Docker Compose，可以安装和运行多个连接在一起的 Docker 容器。
- 所有这些工具都将基础设施转化为代码，这将产生深远的影响。
- 只有关系数据库比较难处理。

这样，我们就打好了持续交付的基础：只需点一下按钮就可以生成部署流水线中每个阶段的环境。只有在此基础之上，我们才能真正地实现这条流水线。

第二部分

持续交付流水线

这一部分将详细介绍持续交付流水线中的各个阶段。

- 第 3 章解释提交阶段，包括单元测试、自动化代码审查、构建工具和存储库。
- 第 4 章提供关于自动化验收测试的更多信息。
- 第 5 章重点介绍自动化容量测试。
- 第 6 章描述探索式测试和手动测试。
- 第 7 章详细介绍部署的技巧和技术。
- 第 8 章详细介绍什么对运维来说很重要。

第 3 章

构建自动化和持续集成

本章由 Bastian Spanneberg 撰写。他是 Instana 的高级工程师，主要从事平台架构和自动化方面的工作。他的 Twitter 账号是@spanneberg。

3.1 概述

持续交付技术层面上的重点完全集中在自动化上。若要实现持续交付流水线，必须满足的第一个先决条件就是构建过程的自动化，以及持续交付流水线配套基础设施的创建和自动化。本章要讨论的正是这些主题。

自动化的构建是提交阶段的基础，因此它是持续交付流水线的第一步。3.2 节的主题就是构建工具的特性和用法。接下来，3.3 节将讨论单元测试。单元测试是在构建过程中收集软件功能性和稳定性的相关可靠信息的重要基础。3.4 节将讨论持续集成，即软件的持续构建、集成和测试。该节将具体以 Jenkins 作为技术代表进行介绍，它是一款应用非常广泛的持续集成服务器。3.5 节的重点是静态代码质量分析。该节将详细介绍 SonarQube（这也是一款非常流行的工具），演示如何把这一工具集成到构建和持续集成环境中。3.6 节将以 Artifactory 为例，介绍工件仓库以及它们在持续集成和持续交付环境中的角色。

示例：构建自动化

前言中举了大财团在线商务公司的例子，该公司没有使用持续交付，但是采用了自动化构建和持续集成服务器。此外，它在引入持续交付之后，又引入了静态代码分析，从而在早期识别代码复杂度和测试覆盖率的相关问题。对于应该如何提高项目质量，尤其是可维护性，该分析给出了若干提示信息。当前，构建的结果保存在仓库中，使它们可用于整条流水线。这为持续交付流水线打下了坚实的技术基础，并确保了后续步骤所需的质量。

3.2 构建自动化和构建工具

构建工具可自动化软件的构建。通常，软件构建由许多彼此依赖的步骤组成。具体的事件依赖顺序取决于实际情况，例如，使用哪种编程语言针对哪种目标平台开发软件。不过，许多构建会合用一些单独的阶段。构建过程通常包含以下阶段。

- 将源码编译为二进制代码。
- 运行和评估单元测试。
- 处理现有的资源文件（例如，配置文件）。
- 生成以后会用到的工件（例如 WAR 和 EAR 文件、Debian 包）。

以下是在构建过程中经常执行的额外步骤，它们同样使用构建工具实现自动化。

- 管理依赖关系，例如项目中使用到的类库。
- 运行额外的测试，比如验收测试和负载测试。
- 分析代码质量并检查源码中定义的约定（静态代码分析）。
- 将生成的工件和包归档到中央仓库。

对于开发人员来说，大部分任务由各自的开发环境负责即可，不需要借助工具实现自动化。然而，通过专门的工具实现这些任务的根本原因，是提供一个可复现的、独立的构建，而不依赖于所使用的开发工具。最终，开发人员可以使用不同的工具，但同时仍然得有一个统一的、可复现的构建。这个构建是应用程序持续集成乃至持续交付的基础。

3.2.1 Java 世界中的构建工具

在 Java 世界中，构建自动化目前有 3 个工具占据主导地位：Ant、Maven 和 Gradle。这些工具所采用的方法有着巨大的差异。

- Ant 采用命令式方法。开发人员必须自己处理构建的方方面面。例如，为编译后的代码生成目录，并显式地处理构建各个部分之间的依赖关系。基本上，开发人员需要完全靠自己一步一步地实现构建。
- Maven 采取的路线完全相反，它使用的是声明式方法。对于构建的许多方面，它预先定义了 Maven 项目必须遵守的约定。比如，存储源码和测试的位置、构建结果的目录以及构建阶段的顺序。这使得构建的配置非常简单。但是，只要构建背离这些约定，或者必须在某个位置更改配置，开发人员都必须予以明确声明。因此，事实上 Maven 的构建往往比使用其他工具的构建更为复杂。但无论如何，构建阶段的顺序必须符合 Maven 的生命周期模型，这个模型定义了不同的构建阶段。
- Gradle 是 Java 构建工具的最新方式，它尝试结合了命令式和声明式方法的优点。与 Maven 一样，Gradle 构建的许多方面是由约定定义的。然而，如果这些约定不合适，那么开发人员也可以像对待 Ant 一样完全抛开它们，借助 Gradle DSL 或 Gradle 所基于的 Groovy 编程语言来实现独立的过程。

下面几个小节将展开讨论这 3 个工具。

3.2.2 Ant

在上述这些工具中，Ant是最古老的。它与著名的Unix构建工具Make类似，遵循命令式方法。这意味着，完全由开发人员在XML文件中使用Ant脚本实现构建的所有阶段，并定义和管理各阶段之间的依赖关系。在Ant中，构建目标称为target，它由许多任务组成。Ant本身带有大量的任务，例如，处理文件和目录、编译Java代码和生成各类存档。此外，如果Ant中自带的任务不够用，开发人员可以用Java实现单独的任务。在Ant-Contrib项目中，有许多可供使用的任务，它们很容易就可以嵌入到构建中。Ant不管理依赖项，但是有个单独的解决方案Ivy，它非常容易与Ant集成。

在许多公司中，仍然可以找到大量非常复杂的Ant构建。较新的项目通常都不再考虑用Ant了，因为XML构建的完整实现看起来过于复杂。因此，本章主要讨论Maven和Gradle。不过，在持续交付的上下文中，具体选择哪种构建工具并不起重要作用。使用Ant来实现所有必要的步骤没有任何问题，只是与现代的工具相比，它在某些方面用起来极为烦琐。

最重要的是要适当地、清晰地自动化所有必要的步骤，并持续维护和重构生成的构建逻辑（以及程序代码本身），以确保构建脚本的代码一直都具备高质量。

3.2.3 Maven

Maven可能是目前在Java中使用最广泛的构建工具，在大型企业中尤其如此。与早期的Ant不同，Maven不希望开发人员自己编写编译、测试和打包所需的所有任务，也不希望他们自己定义阶段之间的依赖关系。相反，Maven专为“约定优于配置”的模型而设计，它具有普遍适用的预设生命周期。当然，这种方法从根本上限制了Maven可以支持的构建类型。Maven的默认生命周期包括许多预定义的固定阶段。这个生命周期描绘了经典软件构建的所有活动。图3-1展示了Maven中实现的事件顺序：首先，验证源文件，并初始化本次构建；其次，对源文件和资源文件进行编译、处理和测试；再次，将结果打包，并根据需要运行集成测试；最后，在工件仓库中验证、安装和部署结果。并不是所有操作都必须在每个阶段执行，只不过，Maven通过这种方式提供了一个框架，我们的构建逻辑可以以此为导向。

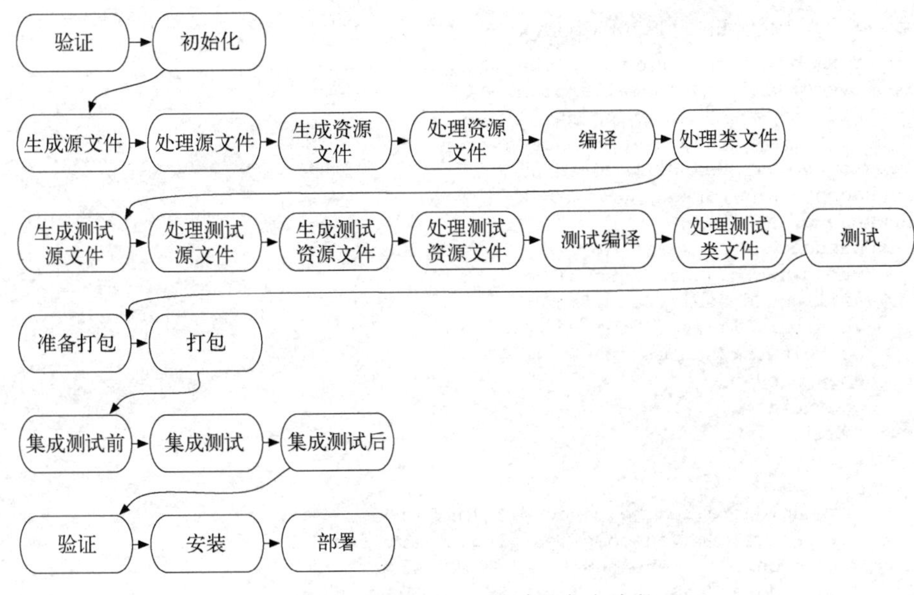

图 3-1 标准 Maven 构建的各个阶段

由于各个阶段已经标准化，因此在每个 Maven 项目中用于软件编译和测试的命令都是相同的：`mvn package` 会执行之前的所有阶段，直到打包并创建一个构建；`mvn test` 则会停在“测试”阶段。

Maven 插件负责实现不同阶段的具体任务。不同插件的执行被映射到适当的阶段，针对每个阶段都有预定义的插件。通过这些阶段，也可以在标准之外对 Maven 构建予以扩展。例如，在“测试”阶段，除了标准的测试之外，还可以配置用于运行负载测试的插件。或者，也可以在命令行里单独执行插件的某些操作，在 Maven 中称之为目标。

Maven 遵循约定的方式。这样做的优点是其构建文件比 Ant 构建文件更为简洁、更易维护，因为在 Maven 中没有必要显式地明确所有细节。不过，Maven 的构建文件实际上也很大。它们之所以这么大，其中一个原因是 Maven 的许多默认设置太保守了。例如，尽管目前最流行的是 Java 1.8，而且官方甚至已经不再支持 Java 1.5 了，编译器插件仍然假设 JDK 版本为 Java 1.5。通常，此类设置必须重新配置。此外，使用 XML 这种结构很快就会让文件越来越大。但是，由于构建文件的结构总是一样的，因此开发人员很容易上手 Maven 项目，他们只需要熟悉预先定义的结构就可以了。

代码清单 3-1 是一个很简单的示例，它展示了 Java 8 项目的 Maven 项目对象模型（POM）。POM 定义 Maven 应该如何执行构建。如果计划在多个 Maven 项目之间共享这些设置，那么得有个好的解决方案——生成所谓的父 POM。父 POM 使开发人员可以为多个构建定义设置，并在每个构建中嵌入这些设置。然后，具体构建只需要在 POM 中定义对它们来说独一无二的特殊设置。例如，以下这个用户注册的示例项目使用了 Spring Boot Framework 的父 POM。

代码清单 3-1　基本的 Maven POM（pom.xml）示例

```
<project xmlns="http://maven.apache.org/POM/4.0.0" ... >
  <modelVersion>4.0.0</modelVersion>
  <groupId>com.example</groupId>
  <artifactId>my-project</artifactId>
  <version>0.0.1-SNAPSHOT</version>
  <packaging>jar</packaging>
  <dependencies>
    <dependency>
      <groupId>org.junit</groupId>
      <artifactId>junit</artifactId>
      <version>4.11</version>
      <scope>test</scope>
    </dependency>
  </dependencies>
  <build>
    <plugins>
      <plugin>
        <groupId>org.apache.maven.plugins</groupId>
        <artifactId>maven-compiler-plugin</artifactId>
        <version>3.1</version>
        <configuration>
          <source>1.8</source>
          <target>1.8</target>
        </configuration>
      </plugin>
    </plugins>
  </build>
</project>
```

它包含 group ID、artifact ID 和 version，从而构成该项目的名称。通过这些信息，其他组件可以引用这个软件。其他组件上的依赖关系也以相同的方式来表示。至于 packaging 的声明，它决定了该构建所创建的工件类型，除了 JAR（Java 归档文件）之外，还有 WAR（Web 归档文件）和 EAR（企业归档文件）。另外，如果这样配置，打包的具体实现会隐藏在插件中，上例的插件为 maven-jar-plugin。

如本例所示，依赖项的处理直接集成在 Maven 中。其中，声明了测试框架 JUnit 的依赖。在构建期间，Maven 负责在必要时从互联网上的中央仓库或公司内部仓库下载依赖项，并在编译期间将其添加到类路径中。间接依赖项（即依赖项的依赖项）也由 Maven 处理。

1. 版本控制和快照

Maven 的另一个核心概念是"快照版本"的使用。它们用于为其他团队成员或已将软件定义为依赖项的组件提供软件的过渡版本。这些过渡版本保存在特定的工件仓库中，所有感兴趣的人都可以从中获得当前状态。在每次构建时，快照版本（在本例中为 0.0.1-SNAPSHOT）都会被覆盖。采用这种方式，总是会在这个版本下提供最新的快照。这意味着虽然软件会变，但它的版本号不会变。因此，构建工具无法再区分不同的版本。这并不符合持续交付的目标：每个变更及其相应的每次构建都代表一个潜在的、可明确识别的发布候选版本。每个构建通过这条持续交付流水线传播，如果质量符合要求，最终甚至会直至发布生产环境。需要注意，快照只对持续交付流水线之外生成的构建有意义，而不会通过持续交付流水线传播——例如，单个开发人员的本地构建。

然而，在 Maven 的世界中，永远都不会把在生产环境中发布快照当作目标。这些快照只是作为其他团队和组件的集成工件。在这一方面，Maven 与持续交付领域的基本概念有所矛盾。

2. 使用 Maven 发布

3

生成 Maven 版本的传统做法是使用 Maven release 插件，由它来完成开发人员在手动构建版本时必须执行的一系列活动。

- 在 POM 中，将版本名称中的-SNAPSHOT 后缀删除，然后构建和测试软件。以这种方式生成带有相应版本号的软件版本。
- 成功构建之后，将修改后的 POM 检入版本控制系统，并为这个版本打上标签。通常，标签就是版本号。随后，版本号将递增并加上-SNAPSHOT 后缀。这个变更也被检入版本控制系统。
- 检出、构建和测试之前标记的版本。
- 将生成的工件（例如，JAR、WAR 和 EAR）存储到工件仓库中。

虽然除了版本号之外，软件没有任何变化，但是它已经被完整构建并测试了多次。此外，该插件还将两个新的代码版本提交到了版本控制系统中。

如果遵循持续交付思想，将每次变更都视为潜在的发布，那么这种方法就行不通了。首先，这为该软件创建了两个新版本，但它们除了 POM 中的版本号不同之外，与原来的版本没有什么区别。其次，软件构建和测试得太过频繁，这会造成不必要的资源浪费。仍然需要找到一个能够明确地标识每个构建的过程，同时又不需要承担发布插件带来的开销。

一个选择是在构建时从外面设置版本，可以通过 Maven version 插件做到。它将项目版本设置为了参数：

```
> mvn versions:set -DnewVersion=0.0.2
> mvn clean deploy
```

例如，构建服务器可以使用此功能将连续的构建号作为版本号的一部分。可以通过 Maven SCM 插件来标记版本：

```
> mvn scm:tag
```

如果将这两个元素组合到一个集中的构建中，就可以为每次变更构建一个明确可识别的版本。在这一场景下，即便 POM 中含有快照版本，它也只服务于开发人员的集成目的。因为每次构建都是潜在的版本，所以必须予以标记。但是，仍然需要做出判断，在持续交付的环境中是否有必要生成 SCM 标记。另一个选择是将提交的散列值（commit hash）转换为最终版本号的一部分，或者在应用程序中通过其他方式提供出来，从而在运行时识别源码的版本。

Axel Fontaine 在博客“Maven Releases on Steroids”[①]和“Maven Release Plug-In：The Final Nail in the Coffin”[②]中讨论了快照、发布和持续交付，该文章很具启发性。

3.2.4 Gradle

Gradle 是 Maven 的一个替代选择，最近越来越流行了。据其创造者说，该工具的目标是将 Ant 的灵活性与 Maven 约定优于配置的方法结合起来，从而兼具两者的优点。

Gradle 被实现为一个基于 Groovy 编程语言的 DSL，因此，每个 Gradle 脚本同时也是 Groovy 脚本，开发人员可以将 Groovy 代码直接嵌入到构建文件中，并以此方式实现任何功能。Groovy 与 Java 极为相似，每段 Java 程序也是一段有效的 Groovy 程序。但是，Groovy 使用的语法更简单。

Gradle 的核心理念是任务及任务间的依赖关系。在此基础上，Gradle 计算一个有向无环图，以确定必须以什么顺序执行哪些任务。这是很有必要的，因为该图可以通过自定义任务、附加的插件或修改现有依赖项来更改。

Gradle 的另一个优点是支持增量构建：Gradle 只在构建源发生变化或者任务从未执行过的情况下执行构建任务。否则，Gradle 将忽略这个任务，直接进行执行图中的下一步。这可以节省大量的时间，特别是在大型、复杂构建的情况下。如上所述，Gradle 也提供了通过嵌入插件来扩展功能的选项。这使开发人员能够在 Gradle 中嵌入对其他编程语言（如 Groovy、C++或 ObjectiveC）的支持。

由于没有使用 XML 格式，因此，与其他两个“竞争对手”Ant 和 Maven 相比，Gradle 的语法非常简洁紧凑。Maven 一节中的示例在 Gradle 中的实现如代码清单 3-2 所示。

代码清单 3-2　最小的 Gradle 构建文件

```
apply plugin: 'java'

archivesBaseName = 'my-project'
version = '1.0.0-SNAPSHOT'

sourceCompatibility = '1.8'
targetCompatibility = '1.8'

repositories {
  mavenCentral()
}

dependencies {
  testCompile "org.junit:junit:4.11"
}
```

① https://axelfontaine.com/blog/maven-releases-steroids.html

② https://axelfontaine.com/blog/final-nail.html

就默认设置而言（例如，使用的 Java 版本），Gradle 的做法也比 Maven 更智能。它使用运行 Gradle 的 Java 版本作为标准设置。如果上文提到的构建脚本是用 Java 8 虚拟机执行的，则可以省略有关语言版本的信息。但是，在这种情况下，构建依赖于已安装的 Java 版本。因此，应该显式地设置版本，以确保构建的可重现性。此外，可以忽略 archivesBaseName 属性，它只是指定了所生成存档的名称。默认情况下，Gradle 使用构建脚本所在目录的目录名。

由于可用的构建命令取决于所使用的插件和构建中包含的任务，因此为了显示在项目中当前可用的所有任务，Gradle 提供了它自己的任务：


```
> Gradle tasks
...
Build tasks
-----------
assemble - Assembles the outputs of this project.
build - Assembles and tests this project.
buildDependents - Assembles and tests this project and all
projects that depend on it.
buildNeeded - Assembles and tests this project and all projects
it depends on.
classes - Assembles classes 'main'.
clean - Deletes the build directory.
jar - Assembles a jar archive containing the main classes.
testClasses - Assembles classes 'test'.
...
```

这条命令返回所有已定义的任务的概览。这些任务可以来自于插件，也可以是在构建脚本或其他导入的脚本中直接定义的。这使开发人员能够更容易熟悉项目的构建。

Gradle 包装器

对于构建自动化，Gradle 有一个非常有用的特性：Gradle 包装器。它让开发人员可以在构建文件中配置使用的 Gradle 版本，从而将该版本和相关的二进制文件转换为项目的一部分，并将其置于版本控制之下。这样做的好处是，在检出项目之后（无论在构建服务器上还是在新开发人员的计算机上），就有了构建项目所需的一切：资源库中没有的部分是从 Gradle 网站或相应的内部仓库加载的。因此，不必单独安装或维护这个工具。只有最开始设置包装器的人需要 Gradle 的本地安装包，之后的人使用这个包装器即可。这样可以确保每个人使用完全相同的工具进行构建，从而保证构建是完全可重现的。

要为项目设置包装器，只需在项目目录中执行 Gradle 内置的包装器任务：

```
> gradle wrapper
```

这次调用之后，该项目目录中会有两个脚本：gradlew.bat 和 gradlew，分别用于在 Windows、Linux 和 Mac OS X 系统上运行包装器。此外，还创建了一个名为 Gradle 的新目录，其中包含实际的包装器二进制文件。这些文件可以纳入到版本控制之中，能够立即为所有开发人员提供一个 Gradle 安装包。如果打算在项目中显式地管理这个版本，那么可以直接在构建文件中配置这个包装器任务：

```
task wrapper(type: Wrapper) {
 gradleVersion = '2.10'
}
```

这也使得工具的版本更新更容易了，因为版本是直接在构建脚本中配置的，不需要更新已安装的工具，也不需要特别注意持续集成服务器上 Gradle 的安装（也可以使用检入的包装器进行构建）。Gradle 的创造者推荐使用包装器而不是在本地手动安装。

3.2.5　其他构建工具

本章中的示例侧重于在 Java 领域中早已投入使用的构建工具。当然还有许多用于其他编程语言的工具，其中一些已经得到广泛使用。

- Rake 是用 Ruby 编写的，主要用于此编程语言的构建。它遵循 Make 的传统，根据从特定的源文件生成特定目标文件的方式定义规则，例如，如何从使用 Java 代码的文件生成编译后的字节码文件。因为 Rake 可以用 Ruby 进行扩展，所以原则上可以用于所有类型的项目。
- Buildr 使用 Rake 并对其进行了扩展，以支持 Java 项目的典型需求。出于这一目的，它为 Java 上下文中的典型任务提供了定义。
- Grunt 是一款 JavaScript 工具，基本上只是一个任务运行器。但 Grunt 主要用于运行 JavaScript 项目构建的典型任务，如代码压缩和测试。Grunt 是用 JavaScript 编写的，因此也可以用 JavaScript 对其进行扩展。
- sbt 用于 Scala，但也可以用于 Java 项目。与 Gradle 一样，sbt 构建的定义是用特殊的 DSL 实现的，但它的 DSL 是用 Scala 编写的。sbt 使构建和测试能够在后台永久运行，从而在编译或测试无法运转时获得快速反馈。
- Leiningen 是用 Clojure 编写的，并使用 DSL 定义构建。它的 DSL 使用像 Maven 那样的声明式方法。

3.2.6　选择合适的工具

构建工具的选择在实现持续交付时起着决定性的作用。当然，这种选择对要在某些领域应对的挑战也有影响。特别是对于新启动的项目，应该提前考虑要让选择的工具实现什么，以及是否有可能将部署等任务委派给其他工具。原则上，这些任务也可以由构建工具来执行，但是，拥有专门的部署工具可能是更好的选择。但无论如何，都应该在不同的任务之间定义清晰的接口，例如，生成定义良好的工件，之后可以用于部署。

本章中介绍的工具展示了如何实现不同的构建。Gradle 提供了极大的自由度，并且没有放弃 Maven 所提倡的约定。但这种较大的自由度也带来了使代码混乱的高风险。因此，如果选择

Gradle，那么非常有必要定期检查和重构构建脚本。至于 Maven，如果简单的扩展和修改不符合 Maven 应用的约定，那么它们将变得极难实现。

无论最终选择哪种工具，都必须详细地研究现有的选项和扩展，以了解如何进一步改进开发和构建。

尝试和实验

(1) 安装 Git 命令行工具（http://git-scm.com/）。

(2) 将示例项目中的用户注册应用模块从 Maven 移植到 Gradle。如果之前从未检出过源码，则首先在 GitHub 上检出项目的源码。

```
> git checkout https://github.com/ewolff/user-registration-V2.git
```

然后，下载 Gradle 的当前版本并将其安装到计算机上。可以使用 Build Init 特性完成将构建移植到 Gradle 的第一步，从而快速生成 Gradle 构建的第一个版本。

```
> gradle init
```

在调用它时，Gradle 会判断当前目录中已经有 Maven POM 文件，并尝试从当前目录中读取项目所需的所有信息。这对于示例项目非常有效，它已经可以通过生成的 Gradle 脚本 build.gradle 准确完成编译了。

```
> gradle clean build
```

可以从 Gradle 构建文件 build.Gradle 中删除使用 Maven 插件的相关脚本。Java 版本仍然可以通过 `sourceCompatibility` 和 `targetCompatibility` 这两个参数来调整。生成的仓库片段可以使用更简便的 `mavenCentral()` 进行简化，如本章的示例代码清单所示。如果新的构建未清理之前的构建，则很容易看到增量的构建。在它的执行过程中，如果发现构建任务的输入和输出没有任何变化，则会在该任务旁边写上“UP-TO-DATE”——不再执行它。

下一步，可以将 Spring Boot 项目的 Gradle 插件嵌入构建中，并为项目安装 Gradle 包装器。还可以尝试将示例项目中的其他模块移植到 Gradle，并将两个移植的模块合并到一个多模块构建中。特别要注意哪些信息可以传输到 Gradle 跨项目配置中（如 Maven 中使用的父 POM）。

3.3 单元测试

单元测试评估一小部分软件单元的功能。通常，它们只面向一个类的单个方法或最大化整个类的功能。在单元测试中忽略了对其他类的依赖，或者针对测试进行了替换。因此，单元测试与集成和验收测试有着明显的差异，后者在完整的环境中运行，对软件进行全面的检查。

幸而，如今编写单元测试对于大多数开发人员来说已经成了家常便饭。不过，有一些项目的测试覆盖率仍然非常低，特别是遗留项目。单元测试是成功实现持续交付的重要基础。除了后面的章节中提及的测试类型之外，单元测试还构成了第一道安全网，确保代码变更不会损害现有的功能。测试覆盖率决定了单元测试的质量。测试覆盖率是执行测试时运行的代码行的百分比，即测试显式或隐式评估的代码的百分比。当测试覆盖率很高时，单元测试可以确保应用程序中几乎没有任何错误。

与其他测试类型相比，单元测试在获得快速初始反馈方面具有许多优势。

- 它们测试的是小规模的、明确定义的功能，因此新加入项目的开发人员也很容易理解。所以，它们可以作为开发团队的一种文档形式。
- 它们可以完全独立运行，不需要额外的依赖。它们不需要针对运行时环境做特殊调整。因此，可以在开发人员的计算机或者持续集成的上下文中运行单元测试，也可以在持续集成服务器上运行。
- 通过模拟（mock）外部依赖，它们可以非常快速地运行。
- 这些测试关注的是明确的功能。因此，它们非常适合在交付流水线的上下文中给出第一个快速反馈。
- Mock 也是单元测试只单独评估一个单元的原因：测试的失败仅会由一个小单元中的问题导致。

对于持续交付，单元测试非常适合作为测试组合的基础。这个理念将在测试金字塔的上下文中做进一步的讨论（参见 4.2 节）。在这种上下文中，单元测试的运行时和稳定性会尤其重要。通常单元测试可在十分之一秒到几秒的时间内执行完毕。因此，它们对于确保在开发过程中不破坏任何现有的功能起很大作用。开发人员可以在每次修改代码之后快速运行单元测试。特别是，它们作为持续交付流水线提交阶段的自动化测试，可以提供非常快速的反馈。

在标准的构建中，Maven 和 Gradle 默认都会激活单元测试的运行。这可以确保至少针对每个工件都运行了单元测试，以保证质量。

3.3.1　编写好的单元测试

除了测试之外，单元测试作为用于开发者的文档还可以实现另一个目的。如果它们编写得非常清晰，并且有很强的关注点，那么通过阅读单元测试就可以很容易了解待测类的功能。

为了确保测试代码有良好的可读性，许多团队采用了“筹划–执行–断言”的约定。这种结构将测试分为 3 个部分。

- **筹划**

  首先，测试代码定义要模拟的依赖项的行为并准备测试数据。

- **执行**

  接下来，执行待测试的函数。

- **断言**

最后，评估是否返回了预期的结果，以及是否与依赖项发生了预期的交互。

这种测试的结构类似于在行为驱动开发（BDD）上下文中使用的 Given-When-Then 模式。4.6 节将介绍一个使用 BDD 框架 JBehave 的示例。

开发人员不仅可以通过遵循这个简单的顺序模式来简化工作，还可以为测试方法取个好名字，让人立即了解在这个测试中预期的是哪种行为。例如为该示例应用编写简单单元测试，如代码清单 3-3 所示。

代码清单 3-3　使用“筹划–执行–断言”约定的单元测试

```
@RunWith(MockitoJUnitRunner.class)
public class RegistrationServiceUnitTest {

    @Mock
    private JdbcTemplate jdbcTemplateMock;

    @InjectMocks
    private RegistrationService service;

    @Test
    public void registerNewUser() {
        // 筹划
        User user = new User(
          "Bastian","Spanneberg",
           "bastian.spanneberg@codecentric.de");
        // 执行
        boolean registered = service.register(user);
        // 断言
        assertThat(registered, is(true));
        verify(jdbcTemplateMock).update(
               anyString(),
               eq(user.getFirstname()),
               eq(user.getName()),
               eq(user.getEmail()));
    }
}
```

然而，这个测试使用的是正常的 `RegistrationService`。`JdbcTemplate` 通常用于访问数据库，由 `RegistrationService` 来使用。但是在这个示例中，使用了一个 Mock 对象来代替 `JdbcTemplate`，由`@Mock` 注解将其标识为 Mock 对象，再使用`@InjectMocks` 注解将这个 Mock 对象注入到 `RegistrationService`。在开始的时候，创建了一个用户作为测试对象，这就是该测试的筹划阶段。然后在执行阶段进行注册。最后，在断言阶段检查这个用户是否成功注册，以及是否对 `JdbcTemplate` 进行了预期的调用。

本例使用 JUnit 作为单元测试框架，许多基于 Java 的项目都使用这个框架。还有一个广为使用的替代选择——TestNG 框架。为了生成 Mock 对象，即模拟不属于测试内容的依赖项，使用了

Mockito。从示例中可以看到，在 Mockito 的当前版本中，不必手动编程来生成 Mock 对象，开发人员通过注解就可以做到。同样，待测对象上也加了注解。Mockito 通过反射将生成的 Mock 对象注入到待测对象中。

大多数单元测试不用测试对生成的 Mock 对象的调用，如示例中对 `JdbcTemplate` 的调用，只检查方法的返回值就足够了。测试应该尽可能不去关注方法的内部实现细节。在该示例中的测试实现是：如果未使用 `JdbcTemplate` 访问数据库，而采用了其他的方式，那么测试就会失败。因此，它只需要检查用户是否成功注册。这可以通过 register 方法的返回值或从数据库中读取这个新用户来保证。在某些情况下，例如在测试和重构遗留代码时，或者在测试没有返回值的方法时，实际上使用 `verify()`方法会很有意义。这样可以确保这段逻辑做出了正确的行为。

3.3.2　测试驱动开发

最理想的情况是开发人员在开始实现函数之前就已经编写了测试。这种方法称为测试驱动开发，简称 TDD。

使用 TDD 时，开发人员通常以迭代的方式开展工作。最开始，他们在测试中表述希望实现的预期行为。由于此时还没有完成实现，测试当然会失败，它是“红色”的。随后，开发人员开始实现这个功能。目标是使测试成功运行，变成“绿色”。之后，如果有必要，他们会重构测试以及已经实现的应用代码。如果这些清理工作导致了错误，那么相关的测试会变为“红色”，这个过程将再一次重复。因此，这些测试应该被反复运行。为了便于表达这个周期，提出了一个称为“红色–绿色–重构”的术语（如图 3-2 所示）。

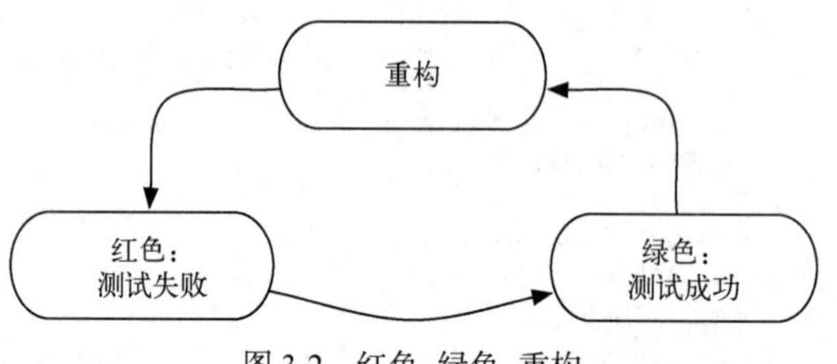

图 3-2　红色–绿色–重构

最初，这种方法对许多开发人员来说并不是那么容易。例如，他们还不知道如何实现函数、涉及哪些类，以及所有部分应该如何交互。他们只想在所有信息都完备时再编写测试。然而，这其实是 TDD 的一大优势。久而久之，TDD 训练开发人员以更小的增量完成变更。由于开发人员总是希望下一个测试是“绿色”的，因此，他们甚至没有其他的选择，只能以小的增量推进。其实，最终这种方法通常更简单、更高效，因为开发人员不会迷失在复杂的考虑和设计中，而只是简单地进行下一步的工作。

由于测试总是在每个实现之前编写，因此保证了高测试覆盖率，从而对回归提供了高水平的保障，可以在持续集成构建的过程中对其进行检查。通过使用诸如 Infinitest 这样的 IDE 插件，一旦代码发生变更，这些插件就会立即执行相关的测试，从而进一步提高开发过程的收益。这样，开发人员就不再需要时刻记着他们应该进行测试了。该插件支持 Eclipse 和 IntelliJ。

3.3.3 整洁的代码和软件工艺

在过去的几年中，整洁的代码和软件工艺运动受到了热烈的欢迎。它们关注的主题都是整洁的软件设计以及整洁的测试类型和方法。代码静休和编码道场为程序员们提供了学习和尝试 TDD 或其他技术的机会。

尝试和实验

- 召集一些同事，花大约一到两个小时举行 TDD 编码道场。首先，你们需要一个套路。它可以是实现特定功能的小任务，比如，Roy Osherove 的字符串计算器套路。
- 在计算机上两两一组进行练习，轮流编写代码。尝试在公司中更频繁地进行这样的练习，从而更多地应用测试驱动开发。你可以设计自己的套路，或者做一些难度更大的练习，例如，采用“婴儿小步法”[1]。
- 自行了解一下 SOLID 原则。想想应用它们会对代码的可测试性和可读性产生怎样的影响，是否有利于 TDD。

3.4 持续集成

一旦实现了构建的基础，当务之急就是在每次代码变更时或者至少在重大变更时持续地以自动化的方式执行构建。在这个过程中，不断地集成不同开发人员引入的变更。这个工作由构建服务器完成，它检出当前软件版本后触发构建工具执行构建。

这种方法称为持续集成（CI），由 Kent Beck 和 Martin Fowler 提出。相比于仅在夜间构建和集成软件，它能更快、更频繁地识别软件中的错误。特别是如果业务逻辑分布在多个组件上（可能由不同的团队开发），那么不仅要构建和测试，还要把不同组件的当前代码集成起来，这在早期发现兼容性问题方面扮演着重要的角色。如今，持续集成在大多数公司和团队中已经得到了非常切实的应用。

目前，有许多构建服务器可用于实现持续集成。在开源领域，CI 服务器 Jenkins 非常流行，已得到了广泛使用。它源自 Hudson 项目的一个分支。ThoughtWorks 公司的 Go 也很值得一提。Go 最初是作为产品销售的，但后来开源了。在商业产品领域，Atlassian Bamboo 和 TeamCity（由 JetBrains 提供）是较为知名的构建服务器。上述大多数工具通常在现场部署运维，带一个私有的

---

① http://blog.adrianbolboaca.ro/2013/03/taking-baby-steps

数据中心。当然，这意味着员工必须有时间并知道如何运维。如果一家公司不想在这方面投入，那么也有很多云产品可供选择，比如 Travis CI 和 drone.io。利用它们在云中进行持续集成，这样就不需要额外安装软件了，从而避免浪费运维的时间和精力。对于可公开访问的仓库（例如 GitHub）中的开源项目，这两种产品都提供了免费版本。对于私有项目，则根据项目数量收费。Jenkins 和 Bamboo 也有云版本。Bamboo 云是由制造商直接提供的。

使用这些产品的先决条件都是云源码仓库，如 GitHub 和 Bitbucket，以支持对持续集成服务器进行访问。对于许多大中型公司来说，这不是一个有效的选项，例如，出于数据安全方面的原因，所以往往都考虑企业内部版。

3.4.1 Jenkins

前文提到，Jenkins 是使用最广泛的 CI 服务器。因此，这里将围绕它展开更详细的讨论。对 Jenkins 来说，构建就是在工作区中运行的任务。它是文件系统中的一个目录，构建会将其文件保存到该目录中。在标准安装中，Jenkins 提供了自由风格的任务，在构建中可以组合任意步骤，Maven 任务则想要将 Maven 调用作为中心构建步骤。可以通过插件提供其他的任务类型。用于确定环境和任务行为的许多设置对所有任务都是通用的，可以通过 Jenkins Web 界面进行修改。

- **参数化**

  如果需要，可以参数化构建任务。构建的可修改数据可以简单地从外部传入，而不必直接写定在构建脚本或构建配置中。这些参数可以作为变量进行读取。

- **源码管理（SCM）**

  这里配置了能够检出源码的源码管理仓库。Jenkins 标准安装支持 CVS 和 SVN（Subversion）。可以通过插件轻松地添加对 Git 等版本控制工具的支持。根据这里使用的 SCM，可以执行特定的配置。

- **构建触发器**

  这里定义了构建应该在哪些时间点上运行。

  - 是时间导向的，与源码仓库中的变更无关。
  - 在源码仓库中变更时。
  - 在成功完成其他构建任务之后。
  - 在同一个构建服务器上创建该项目所依赖的快照时。

因此，可以测试多个组件的成功集成。但是，此变体仅适用于 Maven 构建。

- **构建环境**

  如果需要的话，可以在这里修改构建环境。例如，可以通过插件确保构建总是在空的工作区中进行，或者是从文件中读取的额外环境变量。

- **构建**

  这是核心部分，因为构建命令就是在这里配置的。对于 Maven 任务来说，此处是单独的调用，如果有必要可以附上要使用的 POM 文件。自由风格的任务可以配置许多构建步骤，因此可以在一个构建中组合使用多个工具。

- **构建后操作**

  这里定义了在构建之后要执行的任务。例如，启动额外的任务，对构建的工件或测试结果进行归档，在构建失败时发送电子邮件通知。借助于插件，Jenkins 可以触发不同的操作。

1. 通过插件扩展

尽管 Jenkins 提供了一些标准功能，但只有结合 Jenkins 社区提供的大量可选插件，才能充分发挥 Jenkins 的优势。在这些插件的帮助下，Jenkins 可以提供更多的功能。当然，插件的数量越多，它们彼此不兼容的风险就越高。因此，在安装之前，应该仔细测试新插件与已使用插件之间的相互影响。例如，将插件部署到生产环境的构建服务器上之前，可以使用单独的 Jenkins 实例来测试它们。就像代码和构建脚本一样，应该定期检查 Jenkins 和所用插件的配置以及构建任务的配置，以确保它们的质量。接下来将介绍一些对你有所帮助的插件。

2. SCM 同步配置（SCM Sync Configuration）插件

SCM 同步配置插件使开发人员可以将 Jenkins 以及所有任务和视图的配置同步到版本控制系统中。它目前支持 Subversion 和 Git。在标准设置中，Jenkins 系统配置以及所有的任务都处于版本控制之下，你也可以将 Jenkins 文件系统中的其他文件手动添加进来。如果插件处于激活状态，那么在对版本配置进行变更时会要求你输入提交消息，然后将本次变更连同提交消息一起检入到版本控制系统。如果配置数据丢失，那么可以通过版本控制系统重新生成 Jenkins 配置。

3. 环境变量（Environment Injector）插件

环境变量插件使开发人员能够在构建生命周期的不同阶段（例如在从源码库中检出之前或检出之后，或在构建之前）以不同的方式篡改该构建的环境变量。此外，它把构建的触发器作为环境变量输出，比如手动的、基于 SCM 的、通过用户的或者通过上游构建的。某些用例可能会用到它们，例如，在构建的脚本中根据不同的触发器触发特定的操作。

4. 任务配置历史（Job Configuration History）插件

由于任务配置可能很快就会变得非常复杂，因此强烈建议使用任务配置历史插件。它会对构建配置的变更进行版本控制，使开发人员可以在 Jenkins 用户界面中比较版本，以便跟踪变更。如果配置中出现了错误，这个插件能够帮你恢复到最近的稳定配置。

5. 克隆工作区 SCM（Clone Workspace SCM）插件

克隆工作区 SCM 插件在构建之后归档当前工作区，其他构建可以继续以它为起点。特别是当与诸如 Gradle 这样的增量构建工具结合使用时，如果后续步骤是基于前一个构建的输出，那么它就可以发挥作用了。因为只有在输入已经实际发生变化的位置才会执行相应的构建步骤，所以这加快了构建的速度。此外，在具有频繁变更的环境中，此插件有助于确保流水线中的所有步骤均基于相同的版本状态。

6. 构建流水线（Build Pipeline）插件

构建流水线插件特别值得一提。顾名思义，该插件用于构建和可视化构建流水线。任务之间的相互触发是这些流水线视图的基础。Jenkins 从第一个任务开始，可视化了后续任务的调用链。举例来说，这些任务可能是执行验收测试、负载测试或部署。此外，该插件将手动触发后续的构建作为一类新的构建后操作。因此，可以根据需要有选择性地启动流水线的某些部分，而不是完全自动化。例如，不必为每次构建都执行 QA 环境上的部署。这个插件实现了持续交付流水线所需的协调性（如图 3-3 所示）。

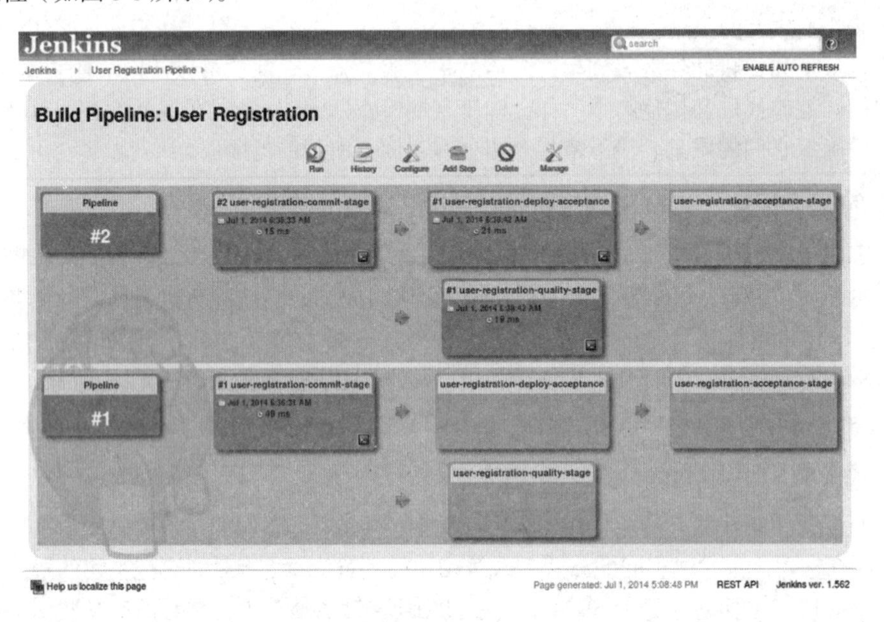

图 3-3　Build Pipeline 插件的屏幕截图

7. Amazon EC2（Amazon Elastic Compute Cloud）插件

Amazon EC2 插件是一种云服务，提供服务器出租。如果需要的话，可以使用该 Jenkins 插件在 EC2 中生成新的 Jenkins 从属节点，并在那里移交构建任务。如果实例长时间不使用，插件将再次销毁它们，从而避免不必要的开支。当然，使用此插件的先决条件是要有一个可对实例进行计费的亚马逊 Web 服务（AWS）账户。如果公司的政策允许，这个插件提供了一种非常简单的扩展方法，可以在负载增加时扩展 Jenkins，而不必自己构建所需的基础设施。此外，云产品可以处理特别高的负载。

8. 任务领域专用语言（Job DSL）插件

随着任务数量不断增加，Jenkins Web 界面中的手动配置很快就会变得难以理解和维护。通常还有一些存在逻辑关联的任务，在发生修改时（如更改了仓库）必须得把它们全都改一遍。此外，在大型企业中还存在一个问题，即如果数据丢失了，如何轻松地恢复任务（另请参阅 SCM 同步配置插件）。针对这些问题，Job DSL 插件提供了一个解决方案。顾名思义，它提供了一种能够创建 Jenkins 任务和视图的 DSL。DSL 脚本带有一个或多个任务描述，可以与相关视图一起放在所谓的种子任务中。在那里，也可以对版本控制系统中的 DSL 脚本进行引用。如果执行该任务，则会创建或更新其中描述的所有元素。代码清单 3-4 演示了一段 Job DSL 脚本，它用于生成两个有依赖关系的任务以及相关的流水线视图。

3

代码清单 3-4 针对示例应用程序编写的 Job DSL 脚本

```
job('user-registration-parent-build') {
  scm {
    git {
      remote {
        url('https://github.com/ewolff/user-registration-V2')
      }
    }
  }
  triggers {
    scm('H/15 * * * *')
  }
  steps {
    maven {
      goals('-e clean install -pl .')
      rootPOM('pom.xml')
      mavenInstallation('Maven 3')
    }
  }
  publishers {
    publishCloneWorkspace('')
  }
}

job('user-registration-build') {
  scm {
    cloneWorkspace('user-registration-parent-build')
  }
  triggers {
    upstream('user-registration-parent-build', 'SUCCESS')
  }
  steps {
    maven {
      goals('-e clean install')
      rootPOM('user-registration-application/pom.xml')
      mavenInstallation('Maven 3')
    }
  }
```

```
    publishers {
      publishCloneWorkspace('')
    }
  }

  buildPipelineView('user-registration-pipeline') {
      selectedJob('user-registration-parent-build')
  }
```

如代码清单 3-4 所示，该插件不仅支持 Jenkins 的默认特性，而且大量使用了前面提到的克隆工作区插件和构建流水线插件。在 Job DSL API 查看器中，可以很方便地在线研究各个元素的详细 API。

9. 编写自己的插件

尽管社区中有很多插件可供使用，而且大多数需求都能通过一个或多个插件来满足，但是有时仍然有必要编写自己的插件。Jenkins 为开发单独的扩展提供了许多入口点（entry point）。开发插件的教程可以在文档[1]中找到。此外，为了熟悉开发模式，可以先研究一下现有插件的源码，这会是一个很好的起点。

3.4.2　持续集成基础设施

如果无法在公共云基础设施中使用云的变体产品或者运行持续集成服务器，那么就得搭建自己内部使用的持续集成基础设施，这时必须要解决以下 3 个问题。

- 如何组织这些基础设施?
- 如何维护这些基础设施?
- 对这些基础设施有哪些要求?

在引入持续集成时，通常不会考虑这些问题，尽管它们在长期运行中起着重要的作用。错误的决定最终会导致很多额外的工作和麻烦。

然而，在当时“遗留”的硬件上搭建 CI 服务器是一种非常常见的反模式。通常这种硬件已经有点过时了，功能也不是很强大。因此，它没有任何其他的用途。然而，这样开发人员就错误地判断了持续集成服务器的重要性，其实它在软件的交付链中扮演着中心角色。这个服务器的故障或错误将导致整个进程的停滞。CI 服务器的核心任务是对代码的正确性和质量提供快速反馈。如果它的硬盘驱动器比开发人员计算机上的硬盘驱动器更小、速度更慢，或者网络连接速度太慢，那么服务器就很容易成为瓶颈，从而使整个项目陷入停滞，导致极高的后续成本。

还有一个要提出的问题与 CI 基础设施的结构和可伸缩性有关：是否有一个单一的主节点，用于协调委托给相关从属节点的任务?

---

[1] https://wiki.jenkins-ci.org/display/JENKINS/Plugin+tutorial

这种结构（如图 3-4 所示）的优点是所有配置都在主节点上进行。一方面，这有助于配置和任务的备份。但另一方面，越来越多的任务和用户也会增加负载，从而增加主机崩溃的风险。当主节点失败时，整个构建基础设施都将无法使用。此外，管理和协调所用到的插件在此场景中也很有必要。不同的团队想要使用不同的插件，因此增加了彼此不兼容的风险。

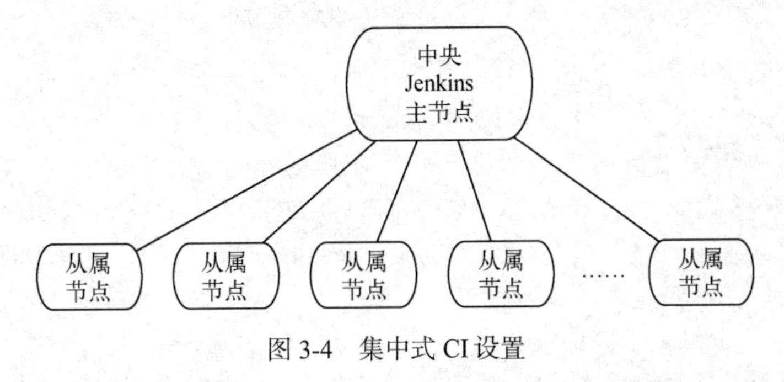

图 3-4 集中式 CI 设置

还有一种不同的方法：为每个团队提供自己的主节点，并在必要时提供相应的从属节点（如图 3-5 所示）。

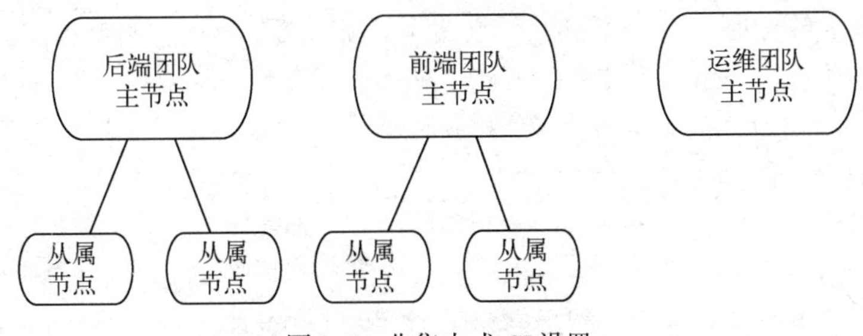

图 3-5 非集中式 CI 设置

一方面，这能使团队彼此独立，让他们可以自由地选择插件。但另一方面，每个主节点都必须进行管理和维护。此外，在此场景中，就无法简单地做集中备份了。

同样，必须明确在具体的情况下哪种选择会带来更多的好处，以及它会带来哪些只需要以后再加以弥补的不足。

3.4.3 结论

在搭建持续集成基础设施时，需要考虑许多方面。云解决方案将入门门槛和成本降到了极低，为开源项目提供了良好的基础。将其与非公共仓库相结合也是企业的一种选择。然而，对于许多公司来说，将业务敏感的数据（如软件源码）传到云中是不可能的。因此，必须在公司内部建立持续集成的知识体系和基础设施，并且在本地运维这些基础设施。很有必要尽早根据未来的走向策划解决方案和实际的基础设施，以应对不断增长和变化的需求。在任何情况下，都应该避免看起来很快但不整洁的解决方案。持续集成服务器是用于持续交付的第一个中心组件，因此应该给予足够的重视。

尝试和实验

为示例项目设置持续集成任务。你可以使用之前已有的 Vagrant Box。

(1) 切换到示例项目中的 ci-setup 目录[1]。在那里执行 `vagrant up` 命令。当你第一次启动这个 Box 时，可能需要几分钟来完成这个过程。启动完成后，可以在本地计算机的 http://localhost:9191 中访问架设的 Jenkins 服务器。

(2) 为了能够执行项目的 Maven 构建，必须首先在 Jenkins 中安装一个 Maven 版本。为此，请先点击启动页面上的"系统管理"（Manage Jenkins），然后点击"系统配置"（Configure System）。在"Maven"配置区，你可以配置一个 Maven 版本，如果需要，Jenkins 将直接从 Apache 下载站点下载该版本。

(3) 现在你可以配置实际的构建任务了。作为构建的起点，你需要一个源码仓库，让 Jenkins 可以从中下载源码。一开始，可以使用示例项目的仓库地址。如果你以后想在 Jenkins 中创建自己的变更，则应该创建一个示例项目的 fork。你可以在这个 fork 上完成自己的变更，由它们触发 Jenkins 中的构建。要创建 fork，就需要一个自己的 GitHub 账户。由于示例项目是在 Maven 中构建的，因此你应该为它设置一个 Maven 任务。具体做法为，点击 Jenkins 中左上角的"新建任务"（New Item），然后选择"构建一个 Maven 项目"（Build a Maven Project）选项。

(4) 在"源码管理"（Source Code Management）下的任务配置中，你必须首先声明底层仓库地址，Jenkins 将从该仓库中检出代码。在本例中，你需要选择 Git 进行版本控制，并输入上面给出的仓库 URL。在"构建触发器"（Build Triggers）下，表明 Jenkins 应该在何时构建项目。本例中的最佳选择是"轮询 SCM"（Poll SCM）。这样设置之后，Jenkins 会定期检查是否存在变更，并在发现变更时触发这个任务。在相应的配置中，你必须写明一个确定检查间隔的 cron 表达式。比如，"/10***"表示每 10 分钟检查一次版本控制系统是否存在变更。

(5) 最后，在"构建"（Build）下配置 Maven POM 的路径和想要在构建期间执行的 Maven 目标（Maven goals）。"clean install"会是一个明智的选择，若如此声明，构建时将删除旧构建的所有工件，并完全重新构建这个项目。

(6) 保存这个任务，然后点击"立即构建"（Build now）触发 Jenkins 中的构建。

(7) 再针对同一项目配置一个自由风格的任务。这是已经实现的 Maven 任务的替代方案。为此，你必须先在"构建"（Build）下添加新步骤——"调用顶层 Maven 目标"（Invoke top-level Maven targets），以构建 Maven 项目。与之类似，你还可以在其中加入其他步骤，例如执行 shell 脚本或 Ant 目标。

① https://github.com/ewolff/user-registration-V2/tree/master/ci-setup

(8) 本文提到的 Build Pipeline 插件已经安装在示例 Jenkins 服务器中了。创建一个流水线视图作为其他实验的起点。具体做法为：点击主页上的“+”选项卡，选择“构建流水线视图”（Build Pipeline View）并输入视图名称，然后选择刚刚创建的任务作为起点。在阅读本书的过程中，通过添加由最初的构建任务触发的新任务，你可以为这条流水线扩展一些新的步骤，比如执行负载测试。

如果熟悉了以上介绍过的特性，就可以尝试用 Job DSL 脚本创建任务和视图了。

- 首先，创建一个自由风格的任务，并在构建（Build）下添加一个“处理 Job DSL”（Process Job DSLs）步骤。在此，选择“使用已提供的 DSL 脚本”（Use the provided DSL script）选项，将显示一个可以输入脚本的文本框。在该选项的上方有一个 Job DSL API 查看器的链接，可以点击它熟悉可能会用到的命令。
- 还可以实验一下云服务 TravisCI。你可以使用 GitHub 账号注册。如果你在前面的练习中创建了示例项目的 fork，那么应该已经在 Travis 中构建了该项目，因为提供了 TravisCI 的配置文件.travis.yml。厘清 Travis 提供了哪些选项，然后配置自己今后想要用 Travis 构建的项目。Travis 针对各类编程语言都提供了教程。在 http://docs.travis-ci.com/user/languages/java/中可以找到针对 Java 的教程。

3.5　度量代码质量

前文已经讨论过如何用单元测试测试小的功能单元。后面的章节会介绍验收测试和性能测试等其他类型的测试。然而，软件质量还有一个完全不同的维度——代码质量，它同样可以用自动化的方式来度量。

糟糕的软件多半都出现在缓慢的流程中。与糟糕软件相关的后续成本逐渐累积。特别是随着时间的推移，软件变更所需的工作量会越来越多，而交付新特性的速度会越来越慢。因此，在建立持续交付时，也应该持续监控代码质量。就像其他类型的测试一样，如果该软件不满足需求，则中止这条持续交付流水线。可以使用不同的标准度量来判断代码的质量。

例如，通过评估可能的执行路径数来确定类或方法的复杂度。分支越多，有可能会执行到的路径就越多，因此理解或测试代码的复杂度就越高。随着复杂度的增加，代码的可维护性就会降低，隐藏错误带来的风险也会增大。

此外，在大多数情况下，代码覆盖率（即单元测试的代码覆盖率）也是可以测量的。在测试中执行的每一行代码都被视为覆盖到了。虽然行覆盖和分支覆盖都属于代码覆盖，但二者还是有区别的。行覆盖率的重点在于已执行的行数与软件中代码的总行数，而计算分支覆盖率需要确定已执行的分支数和所有可能的分支数。例如，在下面的代码示例中，如果 `myCondition` 在相关测试中为真，则行覆盖率为 80%。然而，分支覆盖率将只有 50%，因为只执行了两条可能的路径中的一条。

```
If ( myCondition ) {
  statement1;
  statement2;
  statement3;
  statement4;
} else {
  statement1;
}
```

因此，为了能够对代码覆盖率做出可靠的说明，应该同时考虑这两个数据。

除了这些经典的度量指标之外，使用静态代码分析也是一种常见的实践，它可以确保开发风格符合某些指导规范。例如，验证代码中是否遗留了`// TODO`注释，检查类或包的命名是否遵循约定，以及在重新抛出异常时是否保留了栈信息。

在 Java 领域中，已经有了许多工具用来确定和检查这些值和规则。其中应用比较广泛的工具有：用于静态代码分析的 Checkstyle、FindBugs 和 PMD，用于度量代码覆盖率的 Emma、Cobertura 和 JaCoCo。这些工具可以通过软件的构建脚本触发，也可以在持续集成服务器中使用插件触发。

SonarQube

因此，要真正度量软件质量，必须同时安装和使用多个工具。SonarQube（以前称为 Sonar）作为刚刚介绍的这些工具的替代品，已经在许多公司得到了应用。SonarQube 目前主要应用于 Java 领域，但也越来越多地用于其他的语言。它将许多指标与上面提到的工具以及用于管理规则和评估结果的图形界面组合在了一起（如图 3-6 所示）。它可以针对单个项目配置单独的仪表盘和规则集。此外，使用 SonarQube 时，可以通过附加插件来补充对 JavaScript 和 PHP 等其他语言的支持，并且该软件还能够扩展以完成其他的附加功能。

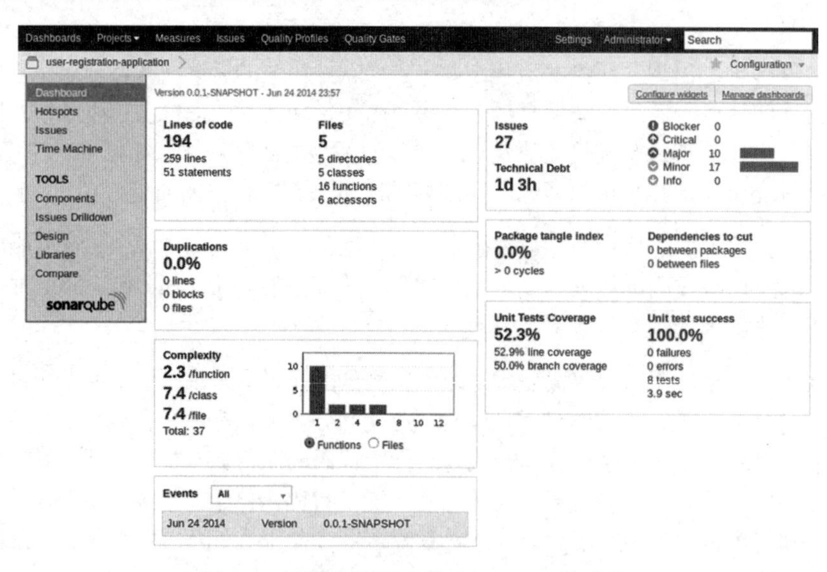

图 3-6　示例应用程序的 SonarQube 仪表盘

在流水线中的集成

SonarQube 既可以通过适当的插件集成到构建、配置和调用中，也可以通过持续集成服务器中的插件集成它的执行。

有一些针对 Maven 和 Gradle 的插件使集成变得非常容易。使用这两者的插件时，必须在构建文件中设置许多属性。该构建文件为插件提供了必要的凭证，并告诉它在哪个地址可以找到 SonarQube 实例及其底层数据库（如代码清单 3-5 所示）。图 3-6 展示了必须为 Maven 插件设置的属性。用户名和密码应该在执行分析的主机上的 Maven settings.xml 文件中提供，而不是直接在 POM 中提供。settings.xml 包含特定于一台服务器的设置。如果在 POM 中提供，除非所有开发人员都知道 SonarQube 服务器的密码，否则就不能将 POM 检入版本控制。你可以在相应的文档中找到为 Jenkins 配置 SonarQube 插件的相关信息。

代码清单 3-5　使用 Maven 配置 SonarQube

```
<properties>
  <sonar.jdbc.url>
jdbc:mysql://localhost:3306/sonar?autoReconnect=true&use
Unicode=true&characterEncoding=utf8
  </sonar.jdbc.url>
  <sonar.jdbc.username>sonar</sonar.jdbc.username>
  <sonar.jdbc.password>sonar</sonar.jdbc.password>
  <sonar.host.url>http://localhost:9000</sonar.host.url>
</properties>
```

然后，用一条简单的 Maven 命令就可以触发代码分析了：

```
> mvn clean install sonar:sonar
```

插件从 SonarQube 实例中获取配置的规则，运行代码分析，然后将结果保存到数据库中。在 Gradle 构建中集成 SonarQube 插件的模式与上面相同。

除了嵌入到构建脚本中，也可以通过插件直接在 CI 服务器上集成。Jenkins 和 Bamboo 有可用的配套插件。至于 Jenkins 插件，必须在 CI 服务器配置菜单中间的位置执行上述配置。你也可以在那里同时维护多个实例。该插件通过额外的 SonarQube 构建任务和 SonarQube 构建后操作（可以通过该操作触发分析）扩展 Jenkins。

最终的选择也取决于其他的工具。如果你的 CI 服务器有可用的插件，那么数据和配置将得到更好的存储，而且可以确保随时获得质量相关的最新信息。否则，就只能将其集成到构建中了。但是在原则上，如今每个项目都应该有一台 CI 服务器。如果是在构建中集成的，则应确保在足够安全的地方维护版本控制之外的访问数据，这极其重要。

无论如何，使用 SonarQube 或类似的工具来持续测量代码质量是一个决定性的因素，因为这是确保特性能够快速开发的另一个重要基础。

尝试和实验

- 尝试以不同的方法将 SonarQube 集成到你的构建流水线中。在示例项目的持续集成 Vagrant Box 中，已经安装了 SonarQube 服务器。成功启动后，可以在 http://localhost:9393 下访问它。在 Jenkins 服务器上，已经安装了用于集成 SonarQube 的插件。可以通过 http://localhost:9191 访问 Jenkins。SonarQube 的初始用户名密码为“admin/admin”，你可以以管理员身份登录 SonarQube 服务器，并在“质量配置”（Quality Profiles）下更改现有的规则集或创建新的规则集。
- 首先尝试通过构建（Maven 或 Gradle）集成分析，并在构建任务的过程中在 Jenkins 服务器上执行它。
- 然后改为通过 Jenkins 插件进行集成。你可以在“系统管理 > 系统设置”（Manage Jenkins > Configure System）下，输入访问 SonarQube 服务器的数据。随后，分析可以作为构建的一部分运行，也可以在 Jenkins 的额外任务中单独运行。这么做能让你在进行验收测试的同时执行分析，以缩短反馈时间。
- 为了进一步提高 SonarQube 的有效性，当超过某些阈值时，分析将会失败。对于这些阈值，SonarQube 给出了称为**质量检验关**的定义。要让相关的构建任务也失败，你必须在 SonarQube 中安装构建中断器（Build Breaker）插件。以管理员身份登录（“admin/admin”），然后点击右上角的“设置”（Settings）链接。在出现的菜单中，选择进入更新中心，并从那里进入“可用的插件”（Available Plug-Ins）选项卡。在这里，你可以选择并安装 Build Breaker 插件。然后，你必须在“质量检验关”（Quality Gates）中将项目关联到质量检验关。首先，你可以使用已有的质量检验关“SonarQube way”。稍后，针对你正在进行的项目，考虑将质量检验关设置成合适的数值。

3.6 工件管理

千万不要低估生成的工件的管理，无论是为了专业的、平稳的开发，还是为了追求功能良好的持续交付流水线，这项工作都非常重要。随着 Maven 的广泛使用，“工件仓库”这一术语已经深入人心。它在 Maven 中扮演着核心角色。在创建工件的时候从仓库中下载依赖项，同时已创建的工件也通过仓库来提供。仓库是在 POM 中定义的。目前有一些公共仓库可供使用，也可以就地安装仓库。公司中就地安装的仓库包含本地项目的构建结果，并且通常还充当来自公共仓库的外部工件的代理。因为最终不能保证公共仓库在几年后仍然包含正确版本的类库，所以可以通过这种方式将构建过程与外部仓库的可用性解耦。它还可以明确究竟哪些外部源是可用的。因此，内部仓库不仅对内部工件的管理起着中枢作用，对外部工件的管理也具有同样的作用。同样，对于开发人员和中央构建过程来说也是如此。

特别是在设立持续交付流水线时，工件仓库更是扮演着重要的角色，因为它担任交付过程中所需的所有工件的中心实例。

如图 3-7 所示，工件仓库位于流水线的所有活动的中心。在提交阶段，生成要交付的工件。这样一来，就通过快照或版本仓库解除了对其他内部项目的依赖。在构建过程中，对外部项目的依赖是通过仓库代理解除的。在这个构建过程中，要检查所有必要的质量标准：成功的测试、覆盖率和编码规范。然后，在该仓库上发布这个工件。

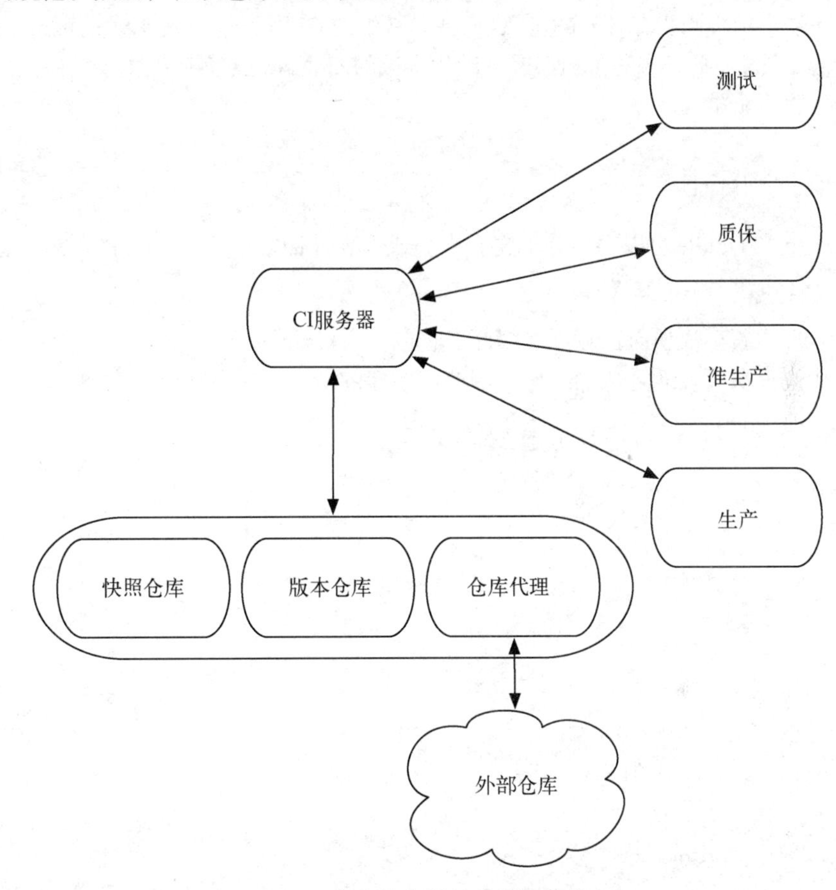

图 3-7 仓库是交付基础设施的核心

随后，使用已经在工件仓库上发布的工件进行部署，如在测试或质保环境上的部署，或者最终在准生产环境和生产环境上的部署。因此，工件仓库在流程的不同步骤之间起到接口的作用。

要在仓库中表述如何通过流水线升级软件，可以使用版本的元数据，也可以使用分别代表持续交付流水线中各个阶段的多个仓库。然后，当软件成功通过测试时，将其转移到新的仓库中，这一步也称为准生产。然而，通常只有在商业版本的仓库软件中可以使用这种功能。但是，至少有一个可用于 Jenkins 和仓库服务器 Nexus 的 Jenkins 插件，它通过将工件传输到其他仓库来表示准生产。

工件可以是JAR文件、WAR文件、EAR文件，或者像Debian包和RPM包这样更贴近运维的工件类型，它们同样可以在流水线中创建。有许多流行的仓库服务器支持这些工件类型，不过，其中一部分只是作为商业特性。此类工件的优点是系统管理员非常熟悉它们，并且可以非常容易地集成到自动化的发布流程中。而且，特别针对于此类工件，有一些替代的解决方案可以使用Debian和RPM包提供复杂的Linux安装程序。

是否由一款工具协调所有必要的步骤（如图3-7中的CI服务器）、流水线是否跨了多个工具，这些最终都无关紧要。此外，发布和部署自动化领域的商业解决方案还提供了与广泛应用的工件仓库进行交互的适配器。

3.6.1　集成到构建中

使用Maven和Gradle可以很容易地将仓库集成到软件构建中（如代码清单3-6所示）。在这两种情况下，有两种类型的仓库。

- 一个仓库负责解决所有依赖项。因此，它包含来自外部源的类库和所有内部项目的产出。
- 另一个仓库负责发布生成的工件。因此，构建的结果存储在这个仓库中。

代码清单3-6　Maven POM中仓库的定义

```
...
<repositories>
  <repository>
    <id>spring-milestones</id>
    <url>http://repo.springsource.org/milestone</url>
  </repository>
</repositories>
...
<distributionManagement>
  <repository>
    <id>internal-release</id>
    <name>Internal Release Repository</name>
    <url>http://localhost:9292/artifactory/libs-release-local
</url>
  </repository>
</distributionManagement>
```

完成代码清单3-6中的配置之后，执行命令：

```
> mvn deploy
```

它将执行该工件的构建，生成Java归档文件（JAR包），然后将它们上传到在`distribution-Management`中定义的仓库。通常，还必须配置账户凭据，因为不是每个人都有上传工件的权限。该凭据数据通常不会在项目的POM中维护，而是在一个集中的地方维护，例如在持续集成服务器上Maven的settings.xml中。有关访问凭据配置的详细信息可以参阅Maven文档。

Gradle在处理仓库方面借鉴了Maven的一些想法，所以，类似的配置看起来如代码清单3-7所示。

代码清单 3-7 Gradle 仓库的定义

```
repositories {
  mavenLocal()
  mavenCentral()
  maven { url 'http://repo.springsource.org/milestone' }
}
...
uploadArchives {
  repositories {
    maven {
      url = 'http:// 192.168.33.22:8081/artifactory/libsrelease-local
    }
  }
}
```

然后，使用 Gradle 命令上传已创建的归档文件：

```
> gradle uploadArchives
```

Gradle 不仅可以处理 Maven 仓库，还可以处理比较老的 Ivy 仓库，以及简单的网络驱动器或类似的东西。它比 Maven 灵活得多，而且在仓库方面更容易扩展。在 Maven 中，本地 Maven 仓库和中央公共仓库 Maven Central 都是隐式配置的。而在 Gradle 中，必须显式地配置它们，因为原则上也可以使用其他仓库。

3.6.2 仓库的高级特性

像 Artifactory 和 Nexus 这样的流行仓库解决方案不仅可以存储和提供 Java 工件，还提供了更多的特性。其中包括以下高级特性。

- 用于调用和操作数据的 REST 接口。
- 复杂的用户及适当的管理。
- 就许可问题检查已发布工件的选项。

通常可以在同一个仓库中管理额外的工件类型，如 Ruby Gems 包、Debian 包和 RPM 包。因此，它们对于多语言项目来说也很有趣。在公司中它们提供一个中心站点来管理生成的所有工件——不管是来自运维的包还是来自软件开发的工件。所有这些工件都可以分布到相关的系统中。

尝试和实验

- 在持续集成设置的 Vagrant Box 中，还安装了工件仓库 Artifactory。一旦该虚拟机成功启动，即可通过 http://localhost:9292 访问。扩展示例项目中的构建脚本，以将生成的工件发布到仓库中。一开始，你可以借鉴本文中提供的代码片段。如果想尝试为工件的上传定义单独的账户，请先以管理员身份登录并设置必需的账户。为使用 Maven 的持续集成服务器存储该账户凭证。

- 确定在你的公司中是否使用了工件库。如果使用了，那么是谁在使用它？只有软件开发团队使用，还是运维团队也使用？是否通过这个仓库来表示外部工件的使用指南？
- 当你在试验自己的项目（比如，必须在应用服务器上交付的项目）时，可以尝试集成Artifactory和Jenkins。例如，你可以使用Repository Connector插件，在额外的Jenkins部署任务中加载WAR或EAR文件，然后将其传输到最终要运行的主机上（例如，使用SCP插件）。

3.7　小结

本章主要介绍了开发、构建和持续集成在持续交付的上下文中发挥的作用。为了给以后的自动化打下良好的基础，工具、技术和方法的选择非常重要。

特别要清楚的一点是：与构建和集成相关的代码和逻辑要像实际的程序代码一样，必须反复检查。如果它们不再符合当前的需求，就必须更新。此外，在这个领域中，遗留代码可能会带来问题，发生问题时它会特别有损于持续交付。在最坏的情况下，整个软件交付链会停滞不前，将所有的团队都卡在那里。

确保不要只有一个人或者一个小团体掌握了设置构建和持续集成的相关知识，这一点非常重要。每个开发人员都应该理解构建过程中发生的事情，并且在开发过程中将这些知识牢牢地记在心里。像SonarQube之类的工具对所有团队成员都非常有用，如果能在精心策划下持续地使用它们，并且让所有团队成员都能够使用，那么这些工具可以带来额外的透明度。

无论如何，这方面的投入不会白费，它们为成功的持续交付流水线奠定了基础。因此，构建逻辑和相关基础设施的质量和定期维护非常重要。

第 4 章

验收测试

4.1　概述

最终需要自动化的验收测试，从而明确地界定是否正确实现了需求。然而，验收测试只是测试的一种类型。4.2 节将讨论测试金字塔，这个金字塔模型展示了在项目中应该进行的测试类型，以及要做到什么程度。4.3 节将阐述验收测试的优点。可以通过图形用户界面模拟用户活动，以测试待测系统是否按预期运行，从而实现验收测试。这种方式是 4.4 节的重点，该节的测试均基于 Selenium 工具。4.5 节将介绍图形用户界面测试的替代工具。

4.6 节将描述一种可以用自然语言简单编写需求的方法，使它们看起来是完全正常的需求，但同时也可以作为自动化测试运行。为此，本书选择使用 Java 框架 JBehave。4.7 节将介绍一些替代技术。4.8 节将解释使用哪些策略可以在项目中成功实现自动化验收测试。最后，4.9 节进行总结。

示例：验收测试

本章所述的验收测试的特点是自动化。自动化能减少执行测试的时间和精力。前言提到的大财团在线商务公司也采用了这种持续交付技术。

如果没有自动化验收测试，那么本可以通过适当的测试发现的错误就会流入生产环境。前言所述的示例中就发生了这样的情况：因为认为一项测试的工作量太大，所以在修复 bug 之后没有重新执行测试，结果最终忽视了这个错误。

此外，自动化测试是可重现的。在以前，出现某些问题是因为测试结果无法重现，或者运行测试的人出现了失误。这两类原因引起的问题都可以通过自动化验收测试来解决。

自动化测试还有一个优点：初期投入之后，测试的支出大幅下降。从长远来看，对自动化测试的投入不仅更省钱，而且可以以更少的工作量实现和推出新特性。

4.2 测试金字塔

第 3 章讨论了单元测试，本章关注自动化验收测试（第 6 章将介绍手动探索式测试的作用）。摆在我们面前的问题是：应该如何看待不同测试类型的重要性。如图 4-1 所示的测试金字塔有助于解决这个问题，金字塔各个部分的大小体现了各类测试之间的相对数量关系。

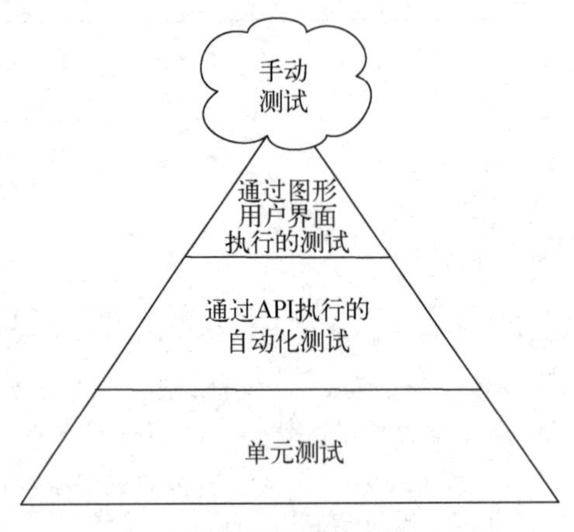

图 4-1　测试金字塔

在金字塔的底部是单元测试，这类测试应该是最多的。它们易于实现，没有测试类之外的依赖，而且运行速度相当快。因此，它们是首选的测试类型。

上面一层是针对 API 的测试（例如，使用 BDD 工具进行的验收测试，本章将介绍），再上面一层是基于图形用户界面的自动化验收测试。其中，优先选择针对 API 的测试。由于不使用图形用户界面层，因此，它们会比图形用户界面测试的效率更高，而且对图形用户界面的更改不会破坏这些测试。反之，若选择图形用户界面测试，由于图形用户界面元素被重命名，或者做了一些其他的小更改，可能会使通过图形用户界面执行的测试失败。

通过图形用户界面或 API 执行的测试评估了所需的功能，定义了系统的需求。因此，它们是单元测试的重要补充。

但要注意，当通过图形用户界面或 API 执行的测试出现问题时，也应该编写单元测试，以模拟这个错误发生的情况，因为此类错误原则上应该先由单元测试检测出来。

在测试金字塔中，手动测试只在特定的场景中使用。它们既费时费力又难以重现，特别是当必须频繁地运行流水线时，就无法再管理手动测试工作了。

然而，在现实中，我们很难找到一个与之契合的测试金字塔，反而恰恰相反：有许多的手动测试（如图 4-2 所示）。因此，测试金字塔变成了甜筒冰激凌的形状。自动化仅限于自动化图形用户界面的交互。通过图形用户界面执行的测试相当多，因为它们很容易基于手动测试来实现。

即使有针对 API 的测试，也只占一小部分，而且仅用于一些特殊的情况。最后，还有少量单元测试。通常，有些项目至少实现了全面的单元测试，然而相当一部分质量很低。由于对手动测试的关注，因此投入的时间非常多，产生了巨大的开销。虽然图形用户界面测试是自动化的，但是一旦发生变更，它们就会变得很慢且很脆弱。仅仅改了一下图形用户界面元素的名称就可能会对测试造成破坏。像这种甜筒冰激凌式的测试布局是测试策略中最常见的问题。

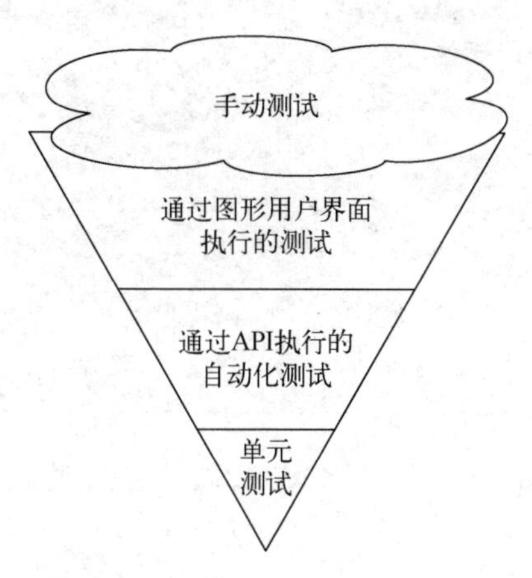

图 4-2　现实中的测试模型往往看起来更像甜筒冰激凌

开发人员应该始终以图 4-1 中所示的测试金字塔为目标。这是一个通用的最佳实践，不只关乎持续交付。

持续交付注重快速反馈。因此，除了设计出符合测试金字塔概念的测试策略之外，最重要的是检测错误的速度。因此，测试应该首先处理基本功能，例如创建客户或生成新订单等简单的业务流程。最初的测试应该涵盖许多流程：一开始，目标是基于一个简单的场景运行所有典型的业务用例。只有在它实现了之后，才有必要进行更深入的测试，即设计测试来评估是否合理地处理了所有的极端情况和潜在的错误。

因此，测试应该这样组织：首先执行覆盖基本业务流程的简单测试，然后再测试更复杂的用例。如果软件包含一个与基本功能相关的关键错误，至少能够很快地发现它。在宽泛的测试中就可以找到此类错误。在这种情况下，不再需要进行更深入的测试。如果在简单的场景中都不能正常运行，更别提复杂的场景了。如果从一开始就对每个特性进行深入测试，那么可能会在测试的后期才发现关键错误。这将花费相当长的时间，势必会延迟反馈。

因此，没有必要对容量测试和验收测试进行排序，而应该根据发现错误的可能性进行排序。第一次测试应尽可能宽泛而不深入，这样做才有意义。此外，在第一次测试中，应测试所谓的“愉快路径”，即仅使用简单的参数成功地执行业务流程，之后再研究极端情况和复杂的场景。

尝试和实验

找一个你熟悉的项目，分析一下它的测试策略。

- 当前测试的哪些部分是探索性的（即探索新特性）？
- 当前有哪些测试是自动化的？想想单元测试、容量测试、与其他非功能性（可用性、安全性）需求相关的测试和功能验收测试等。
- 该测试策略与测试金字塔类似，还是与甜筒冰激凌类似？
- 如何保护项目不受回归的影响（即本来已经消除的错误，但是由于代码变更而再次出现）？回归测试是自动化的吗？自动化会带来哪些好处？
- 是否测试了像可用性和“界面外观”这样的非功能性需求？
- 哪里发现的错误最多？它们是通过其中一个测试发现的吗？是哪一个测试？或者只是在生产环境中发现的？bug追踪系统是一个很好的信息来源。

基于这些信息，你可以制定一个计划，规划最好有哪些额外的测试，以及哪些测试应该首先实现自动化。

4.3　什么是验收测试

顾名思义，验收测试就是让用户或客户“接受”软件。这也指出了特定于此类测试的相关挑战：测试人员、需求工程师、开发人员以及客户必须理解这些验收测试，并确保这些测试真正覆盖了验收标准。这需要所有相关方之间的沟通，因此验收测试加强了项目的内部交流。

4.3.1　自动化验收测试

为了实现持续交付，应该自动化验收测试。当打算频繁交付新版本并因此必须经常进行测试时，如果没有自动化，将产生非常高的测试成本。此外，手动测试的结果很难重现，因为这种测试检测到的错误不一定就是软件中的错误，也可能是测试执行过程中的失误造成的错误。

4.3.2　不仅仅是提升效率

自动化不仅使测试的执行更加高效，还让我们能够更频繁地运行测试，从而更快地得到反馈。当每次提交都执行验收测试时，团队在几小时甚至几分钟内就可以知道软件中是否存在错误。因此，查找错误时可以将范围限定在过去几个小时内所做的变更。

然而，手动测试通常只在发布前才仓促执行，也就是说，执行的时间点较晚。因此，想找出是哪些变更导致的错误就要困难得多。此外，因为发布就在眼前了，所以团队在测试的时候倍感压力。总之，测试自动化改进了消除错误的过程，也提高了软件质量。

自动化所需的工作量常常会被高估：通常，手动测试的结构几乎完全是格式化的，但注意是几乎。如果它们完全格式化了，将很容易实现自动化。具体来说，我们可以制定一个 Excel 文件，里面包含必须在界面上执行的操作，以获得特定结果，可以按以下详细程度进行描述。

- 请在文本框中输入文本："测试客户"。
- 按下 OK 按钮。
- 检查结果是否符合预期。

从经济角度来看，这种测试是最糟糕的。这种测试很难复用，因为它太详细了。它所描述的不仅仅是预期的行为，还有图形用户界面元素的特定用法。这种测试非常费时费力，因为仍然需要由人来执行交互并检查结果。因此，本应从领域角度理解应用程序的测试人员却成了自动执行测试的"机器"。这种描述几乎无法让他理解正在测试的领域。的确，测试的是一些具体的值，但是从领域的角度来看，这些值代表着什么意义呢？目前正在测试哪些特殊情况？因为不清楚测试的深层含义，所以失败测试的结果也不具体，只知道是"出了问题"，但是很难推断出失败测试的根本原因是哪个基于领域的问题。

4.4 节将展示如何通过很少的额外工作来自动化这些测试。在这之后，执行这些测试所需的工作量将显著减少。同时，测试人员可以专注于运用自己的领域知识完成任务。因此，从经济角度来看，自动化验收测试在这种情况下非常有价值，而且它们很快就能收回成本。

4.3.3 手动测试

持续交付并不要求所有验收测试都要完全自动化，这与极限编程不同。在极限编程中，每个需求都由自动化测试提供保护。持续交付包括手动探索式测试的阶段（参见第 6 章）。自动化验收测试的目的是避免测试过的软件模块发生变化而产生回归错误。而探索式测试应用于在新模块或可用性测试中发现错误，很难实现自动化。此外，探索式测试团队不会被自动化验收测试拖累。因此，它可以更好地专注于探索式测试，而不必反复测试相同的组件。

4.3.4 客户

原则上，验收测试确保软件能被客户验收。如果客户将开发外包给了 IT 服务供应商，那么验收测试更是至关重要，因为只有在客户完成测试并成功验收之后，IT 服务供应商才会得到工作报酬。团队并不一定总是要设法让客户相信自动化验收测试实际上反映的就是他们的需求。这强调了验收测试与沟通高度相关的事实。当客户自己能够理解并跟进自动化验收测试时，他们将更有可能愿意接受这些测试作为验收标准。

没有理由反对将正式验收与手动验收测试相结合。但是，这个测试只执行一次，即在客户验收版本的时候。我们仍然有必要实现验收测试的自动化，从而在持续交付流水线运行的时候确保系统的正确功能。客户的手动验收测试也可以为自动化验收测试奠定基础。应该针对那些只有在客户进行验收测试时才会发现的错误，实现新的自动化验收测试，以确保这些错误实际上已被消除，不会因为回归再度出现。

4.3.5　对比验收测试与单元测试

最后，我们应将单元测试和验收测试区分开，这一点非常重要。它们所用的技术不是区分的主要标准。验收测试也可以通过 JUnit 这样的单元测试框架来实现。

首先，区分这两种测试类型的一项重要标准是受众不同。单元测试是一款适用于开发人员的工具。它们由开发人员编写，以确保正确的实现。用户甚至可能不知道单元测试的存在。而反观验收测试，开发人员和用户使用它们来确保业务逻辑相关需求的正确实现。用户必须理解这些验收测试，以确保这些测试能够真正基于该软件的验收标准进行评估。

此外，这些测试面向的层也有所不同。正如其名，单元测试评估的是应用程序的个体单元，例如，单独的类。因此，它们不包括单元之间的交互。验收测试评估的是系统较大的部分，甚至是整个系统。然而，这仅仅是由于测试重点的不同导致的结果。验收测试的目标是确保业务逻辑，毕竟，只有在测试多个类时才有可能实现这个目标。在这方面，验收测试与集成测试也不相同。集成测试关注的只是组件之间的正确交互，并不一定测试软件的验收标准。

在技术层面，单元测试主要是白盒测试。在此上下文中，“白”表示透明：这些测试涉及实现和类的内部工件。因此，单元测试是相当脆弱的：当用其他类实现相同的功能，或者因重构更改了类的结构时，相关的单元测试也必须予以调整。

验收测试是黑盒测试：它们借助 API 或用户界面来测试实现的正确性，而不依赖内部细节。因此，它们没那么脆弱：它们只在功能没有正确实现时报告错误。在哪些类实现的这个功能以及这些类是什么样的并不重要。

最后要指出的是，验收测试具有首要价值，因为它们测试的是用户实际感兴趣的东西，所以真正重要的是特性的正确实现。

4.3.6　测试环境

由于基础设施的自动化，持续交付使得生成测试环境更加容易。然而，仍然存在一个问题：不属于该基础设施的第三方系统必须呈现在测试环境中。针对这个问题有多种解决方案。

- 除了生产系统之外，第三方系统通常还可以使用行为与生产系统类似的测试系统。
- 可以用模拟生产系统行为的桩来替代第三方系统。

无论采用以上哪种方式，测试环境和生产环境都不相同。这削弱了测试的可靠性，使得某些错误可能无法检测出来。然而，这个问题没有完美的解决方案，说到底，生产环境和测试环境永远都不会完全相同。但既使在这种情况下，持续交付出于另一个原因仍然能提供帮助：由于生产环境中的部署是自动化的，并且使用了最小化其他风险的方法（参见第 7 章），因此，可以进一步降低由于测试的可靠性有限而带来的风险。如果在测试期间仍然有错误没有检测出来，则可以相对快速地将它的修复补丁发布到生产环境。

4.4　基于图形用户界面的验收测试

通过图形用户界面，用户将在之后与应用程序进行交互。因此，当用户测试一款应用程序时，他们将通过图形用户界面使用该应用程序，并观察它的运行情况是否符合预期。与每次手动执行各个测试相比，将它们自动化显然更好，这便是基于图形用户界面的自动化测试，也是本节的主题。我们最终要做的，是在这些测试中录制与图形用户界面的交互，并检查图形用户界面中是否显示了正确的结果。

4.4.1　图形用户界面测试的问题

但是，这种方法是不完美的：可能会在测试期间丢失语义。说到底，通过图形用户界面只是使用这些应用程序特性的一种方法，测试应该确保的是特性能正确工作。在对图形用户界面进行更改时，基于图形用户界面的测试和针对特性的测试会有非常明显的差异：因为图形用户界面改变了外观，那些通过图形用户界面的测试可能就会执行失败。例如，原本作为文本输入的值，变成了从列表中选择。在这种情况下，这个测试将会失败，因为从列表中选择值不符合预期。然而，在本质上这个应用程序的特性并没有变，因此该特性相应的测试在原则上仍然应该执行通过。所以，通过图形用户界面的测试很脆弱。即使应用程序中没有真正的业务逻辑错误，对图形用户界面的更改也会破坏测试。当测试人员录制了与图形用户界面的交互并在之后作为自动化测试重放时，尤其容易出现这种情况。录制时基于的是具体的图形用户界面元素，如果这些元素发生了变化，这些测试很可能会失败。

4.4.2　针对脆弱的图形用户界面测试的抽象

为了避免这个问题，可以将具体图形用户界面予以抽象，形成抽象的图形用户界面测试。如果一个按钮被重命名或移到其他位置，那么只需要对抽象层做相应调整，测试可以保持不变。这类似于 4.6 节中的方法，该方法完全以文本的形式描述测试。然而，当方法变得太复杂时，用户和需求工程师可能就再也理解不了这些测试了。初衷是通过开发人员、用户和需求工程师协作进行验收测试，确保应用程序能正确工作，现在却背道而驰了。单纯的图形用户界面测试通常很容易理解，因为它们只是自动化与图形用户界面的交互。额外的抽象给这些测试遮上了一层面纱，增加了理解它们的难度。

此外，测试环境的生成更加复杂，因为必须运行包括图形用户界面在内的整个应用程序，并安装与生产环境类似的数据库。而且，还必须生成用于自动化测试的基础设施。这通常包括具有适当的 Web 浏览器和自动化工具的客户端。

尽管存在这些限制，图形用户界面测试仍然不失为一种明智之选，因为这些测试的工作方式很容易理解。将繁重的手动工作自动化，对于持续交付不可或缺。在测试期间的任何时间点，用户都可以清楚地看到熟悉的图形用户界面中发生了什么。

4.4.3 使用 Selenium 实现自动化

具体来说，本章将介绍 Selenium 的用法。Selenium 使我们可以通过远程控制的 Web 浏览器来执行测试，它模拟用户与系统的交互，并控制是否显示所需的结果。

4.4.4 WebDriver API

这些测试可以作为程序代码来实现，WebDriver API 正是服务于这一目的。这个 API 会远程控制 Web 浏览器。它几乎支持所有流行的浏览器，如 Chrome、Safari、Internet Explorer 和 Firefox。为了避免在每台计算机上都提供所有浏览器，也可以部署一个集群，在计算机上安装特定的浏览器，然后在这个集群中运行测试。Selenium 服务器可以协调这个集群。采取这种方式，可以在不同的浏览器中执行测试，并且识别不同浏览器之间的行为差异。此外，还可以并行运行测试，从而更快地获得测试结果。借助于 Selenium Grid，可以将测试分布到网络中的多台计算机上。如果这么做，则不必在一台计算机上提供所有的浏览器，而且针对繁重的测试任务，还可以提供足够的硬件以快速执行测试。

4.4.5 无须 Web 浏览器的测试：HtmlUnit

Selenium 并不必须要使用 Web 浏览器，另一种选择是使用 HtmlUnit。使用这个 Java 类库，可以完全用 Java 实现与 Web 应用的必要交互，所以无须安装任何浏览器。这也就是说，可以在任何计算机上执行测试，而不需要安装额外的软件。出于此原因，本章示例使用了这种方法。

4.4.6 Selenium WebDriver API

通过浏览器或 HtmlUnit 与应用程序交互需要借助 WebDriver API。WebDriver API 支持 Java、Ruby、C#、Python 和 JavaScript 等编程语言，社区项目还支持许多其他编程语言。程序员可以使用该 API 实现测试。用户和测试人员也应该能够理解验收测试，甚至由他们实现这些验收测试。

4.4.7 Selenium IDE

另一种选择是使用 Selenium IDE。它在 Web 浏览器中提供了一个接口，用于录制与 Web 应用程序的交互。Selenium IDE 实现为适用于 Firefox 浏览器的扩展。可以将测试表达式手动添加到已录制的交互中，以检查应用程序的行为是否符合预期。

理想情况下，验收测试应该代表客户和团队之间的合约。客户通过验收测试表达想要实现的功能。因此，双方都应理解和评估验收测试，这一点很有必要。因此，Selenium IDE 特别容易受到青睐：通过这款工具，客户可以使用应用程序并定义和录制所需的行为。Selenium IDE 使他们在很大程度上能够独立完成这些工作。

图 4-3 显示了 Selenium IDE 中的一个示例应用程序的测试。准确地说，它是一个测试套件，由各个测试用例组成。第一个测试用例称为 UserDoesNotExist，确保在开始测试时不存在指定测试用户。为确保这一点，使用了一个用于搜索用户的 `search` 函数，搜索的预期结果是没有找到指定用户。在这种情况下，该用户可以进行注册。第二个测试用例是 RegisterUserAgain，测试重复注册用户。图中选中的就是这个测试用例，在 IDE 的相应位置上可以看到该测试用例的详细信息。该测试的第一步是打开主页；然后点击“注册用户”（Register User）；最后，输入用户数据，提交表单。预期的结果是在页面某处显示“already in use”的响应信息。这条报错信息表明用户注册不成功，因为已经存在具有同一电子邮件地址的用户数据了。

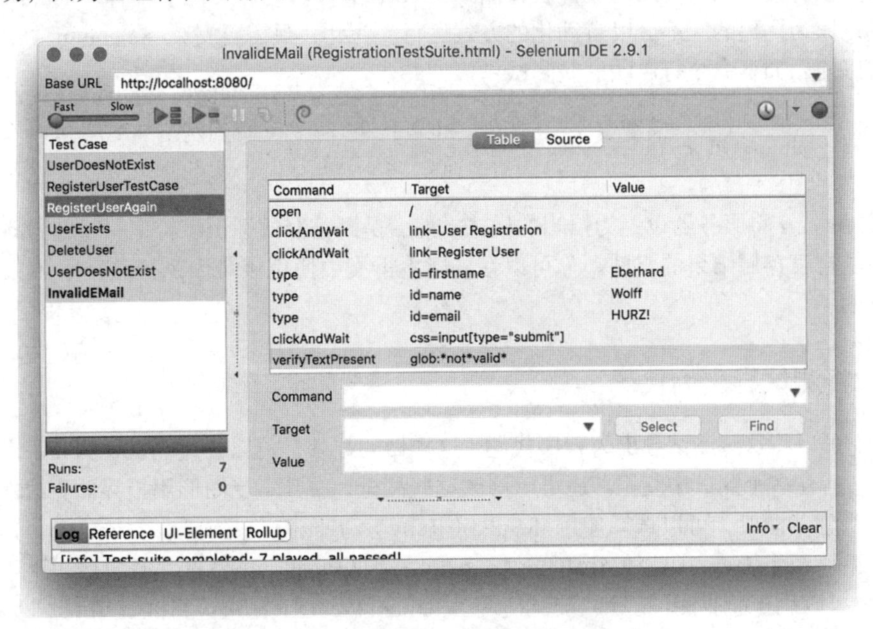

图 4-3　Selenium IDE 的屏幕截图

其他测试用例如下。

- UserExists，测试指定用户是否存在。
- DeleteUser，删除指定用户。
- UserDoesNotExist，测试指定用户是否不复存在。
- InvalidEMail，检查输入无效的电子邮件地址时系统是否会拒绝注册。

4.4.8 自动化图形用户界面测试的问题

但是，这个测试存在一个问题：许多步骤都是相互依赖的。如果用户没有在第一步中成功注册，搜索和删除该用户的操作都无法执行通过。换言之，尽管无法正常使用的只有一个功能，该测试套件中大部分测试也会执行失败。这些不明确的错误使得我们很难查找问题的原因。

在重新开始运行测试时也可能会出现问题：如果在第一次执行该测试时建立了某些数据集，则无法在第二次测试运行期间再次建立它们。因此，测试必须在最后进行清理。但是，如果出现错误使测试无法完成，将不执行清理，系统仍然会保持数据集未被清理时的状态。

4.4.9 执行图形用户界面测试

已录制的测试可以在 Selenium IDE 中执行。执行成功的测试用例将显示为绿色，执行失败的将显示为红色。测试用例和测试套件会存储为 HTML 文件。这些文件中含有 Selenium 命令。这些测试可以作为构建的一部分以自动化的方式运行。为此，只需要安装 Selenium 服务器。安装好后，可以使用如下命令行启动这些测试：

```
java -jar selenium-server-standalone-2.48.2.jar -htmlSuite
*firefox http://localhost:8080/ RegistrationTestSuite.html
result.html
```

选项 `htmlSuite` 将服务器设置为恰当的模式，然后是浏览器的标识字符串、基础 URL、测试数据，最后是打算存储结果的文件。你可以在构建上下文中使用该命令执行已经用 Selenium IDE 录制的测试。

4.4.10 将测试导出为代码

此外，可以将这些测试导出为程序代码。这样做的好处是可以优化测试，例如一次性实现一个功能，然后在多个测试中复用。还可以修改这些测试，使其不受图形用户界面更改的影响。执行测试需要测试框架，可以选择使用 RSpec（Ruby）、Test::Unit（Ruby）、unittest（Python）或 NUnit（C#）。至于 Java，可以使用 JUnit 4、JUnit 3 或 TestNG。虽然这些框架最初是用于单元测试的，但也可以用于验收测试。验收测试使用 Selenium WebDriver 来运行测试用例与网站的交互。

4.4.11 手动修改测试用例

在某些情况下，生成的测试用例不能正常工作，必须进行修改。这时，就需要开发人员的介入，比如，检查是否能显示正确的结果。此外，开发人员可以在某些地方对代码予以统一和简化。例如，在本章示例中对用户进行多次搜索或设置。理想情况下，这些功能只会实现一次，然后在相应的位置调用即可。

通过修改还可以使测试更加稳定。测试必须检查结果是否正确。为了做到这一点，可以检查某些元素，例如某个报错文本，是否存在。然而，当报错文本发生变化时，即使功能实现仍然是正确的，测试也会中断。但这是可以避免的：例如，可以引入一项约定，只有在想要返回错误时才使用某个 CSS 类。在图 4-3 的脚本中，就使用了这种方法搜索带有 `alert` 和 `alerterror` 样式类的 `div` 元素。此外，还要检查是否返回了预期的错误消息。

4.4.12 测试数据

另外，测试必须生成测试数据。在本章的示例中，由脚本自己生成测试数据。然而，这并不一定总行得通，因为它太复杂或者需要太长时间。在这种情况下，还可以由开发人员实现适当的功能。

因此，最终将为了测试的实现而实现抽象和简化。与功能实现一样，基于图形用户界面的验收测试也需要客户和开发人员的协作。以代码的方式修改和实现还意味着客户无法轻松地理解正在测试的内容。然而，这恰恰是验收测试的目标。此外，这种生成代码的方法还会产生许多问题：由于生成的代码是重新改写的，因此很难修改这些测试。这些代码不能再生成一次，相反，这些测试必须要在 Selenium IDE 中修改，同时也要在代码里修改。

尽管如此，Selenium IDE 仍是一款重要的工具：它可以运行 HTML 脚本。这对于探索式测试（参见第 6 章）和脚本的录制非常有用。因此，测试人员可以更容易地再次生成测试场景，至少实现部分自动化步骤。而且，这种方式就是为理想情况下的完全自动化测试而准备的。

这种测试方法的另一个优点是界面会得到测试，因此还可以评估布局问题或浏览器不兼容的问题。

4.4.13 Page 对象

如果修改图形用户界面（比如修改了 Web 图形用户界面元素的名称），那么可能会导致图形用户界面测试不能再正常运转。抽象层可以消除这种变更带来的影响，在软件开发过程中经常采用这种方式。具体来说，Web 页面上的元素可以隐藏在 Page 对象后。它们提供了一个抽象，从业务方法的观点出发，以 Web 图形用户界面的重要性为导向。例如，可以提供 `registerCustomerWithEmailFirstnameName()` 等方法，这些方法在内部为各自的 Web 图形用户界面元素提供数据并触发请求。当图形用户界面发生变化时，只需要调整这个方法，而无须调整每一行代码，并且不必单独更改各个元素。

4.5 图形用户界面测试的替代工具

Selenium 广泛应用于图形用户界面测试的实现已经有很长一段时间了。它提供了许多特性，可以满足复杂的需求。不过，Selenium 也有一些替代品。

4.5.1　PhantomJS

PhantomJS 是一款经常会用到的工具，特别是在 JavaScript 社区中。这款工具用 JavaScript 来编写测试。除此之外，PhantomJS 和 Selenium 非常相似，它可以像 Selenium 一样使用 WebDriver 远程控制浏览器。

4.5.2　Windmill

乍一看，Windmill 是一个非常有趣的解决方案：可以使用浏览器录制测试，也可以使用 Python 或 JavaScript 来定义测试脚本。然而目前，Windmill 项目基本上不太活跃。

尝试和实验

可以采取以下步骤熟悉基于 Web 的验收测试。

(1) 首先安装 Selenium IDE。

(2) 可以在 https://github.com/ewolff/user-registration-V2 中找到示例项目。

(3) 安装 Maven（请参阅 http://maven.apache.org/download.cgi）。

(4) 在 user-registration-V2 目录中执行 `mvn install`。

(5) 在 user-registration-application 子目录中执行 `mvn spring-boot`。

(6) 现在，你可以在 http://localhost:8080 上进行这个应用的实验了。

(7) 如果使用相同的电子邮件地址注册两次，会发生什么？

(8) 如果使用无效的电子邮件地址注册，会发生什么？

(9) 在 http://docs.seleniumhq.org/docs/02_selenium_ide.jsp#building-test-cases 中，可以找到如何使用 Selenium IDE 录制和运行测试的相关资料。

(10) 在 user-registration-acceptancetest-selenium/Selenium/en 子目录中，可以找到测试套件 RegistrationTestSuite.html。它包括注册的基本组成部分。将其加载到 Selenium IDE 中，然后运行。

(11) 下载 Selenium Stand Alone Server，使用它启动上述测试套件。在此可以用上 runTest.sh 脚本。

(12) 在 Selenium IDE 中，用这些测试用例生成代码，然后看一看生成的代码。

(13) 可选：借助这些代码，用你喜欢的编程语言为该应用程序实现一个测试套件。

(14) 在 user-registration-acceptancetest-selenium 子目录中，可以找到基于 Selenium IDE 生成的测试创建的 Java 测试。

(15) 看一下这些测试。

(16) 可以使用 `mvn test` 命令执行这些测试。

(17) 将它们与 IDE 生成的测试进行比较。

(18) 这些代码在哪里进行了统一？

(19) 检查生成的代码和重改过的代码之间在结果检查上有何不同。

(20) 使用 Page 对象重写这些测试。

4.6 文本化验收测试

通常，需求是以文本记录的，因此验收测试应该像需求那样描述。

4.6.1 行为驱动开发

4

在这种背景下，行为驱动开发（BDD）已经确立了自己的地位。以这种方法，验收测试的书面表达被形式化为可以自动执行的程度。BDD 结合了测试驱动开发技术与领域驱动设计（DDD）[①]中 Ubiquitous Language 的思想。测试驱动开发是一种在实际实现之前先编写测试的技术。如果没有合适的实现，测试当然会失败。当测试最终成功运行时，就说明这些特性已经实现了。

DDD 中的 Ubiquitous Language 表示一种适用于用户、需求工程师和开发人员的通用语言，而且在代码中也可以找到它。它包括该领域的核心技术术语。如果使用 DDD，验收测试就是团队中每个人都可以使用的通用语言——用户、测试人员和开发人员。

测试清单 4-1 BDD 叙事

```
叙事：
为了使用本网站
作为一个客户
我想要注册
以便可以登录
```

比如，有些叙事定义了一些特性并将它们放入业务领域的上下文中。测试清单 4-1 针对用户注册进行了叙事。它定义了使用的角色（用户），以及想要实现的特性。该叙事以“为了”（目的）、“作为”（角色）、“我想要”（特性）和“以便”（收益）做了明确区分。但是，这种描述“只”是让我们能够定义特性，从而加强开发人员和用户对应用的理解，它不能作为自动化验收测试执行。不过，此描述可以成为 JBehave 测试的一部分。

测试清单 4-2 验收测试

```
场景：用户成功注册

假定有一位新用户，他的电子邮件地址为 eberhard.wolff@gmail.com，姓名为 Eberhard Wolff
当该用户注册的时候
那么，应该存在一位电子邮件地址为 eberhard.wolff@gmail.com 的用户
并且不应该报错
```

---

① 详见由 Eric Evans 所著的《领域驱动设计：软件核心复杂性应对之道》。中译本已由人民邮电出版社出版，详见 http://ituring.cn/book/106。——编者注

来看一下测试清单 4-2，它描述了一个具体的场景。该场景属于一个故事，并且定义了在故事上下文中可能的事件序列。它由 3 个部分组成。

- “Given”，假定，描述该场景发生的上下文。
- “When”，当……时候，描述发生的事件。
- “Then”，那么……，定义预期的结果。

如果其中一项不止有一个组成，则可以用“并且”进行连接。具体如测试清单 4-2 所示，其中定义了两个预期结果：这个客户应该存在，并且不会报错。

虽然该场景由自然语言构成，但它遵循的是形式化的结构，因此测试是可自动化的。通过这种方式，领域专家可以描述能够由自动化测试评估的预期行为。

当然，你也可以在实际实现之前编写这个测试。该工具仅会指出该测试所需的代码尚未实现而已。因此，这种测试驱动的方法也可以用于验收测试。

测试清单 4-3　BDD 验收测试代码

```
public class UserRegistrationSteps {
  private RegistrationService registrationService;
  private User customer;
  private boolean error = false;

  // 省略了 RegistrationService 的初始化
  @Given("a new user with email $email firstname $firstname" + " name $name")
  public void givenUser(String email, String firstname,  String name) {
    user = new User(firstname, name, email);
  }

  @When("the user registers")
  public void registerUser() {
    try {
      registrationService.register(user);
    } catch (IllegalArgumentException ex) {
      error = true;
    }
  }

  @Then("a user with email $email should exist")
  public void exists(String email) {
    assertNotNull(registrationService.getByEMail(email));
  }

  @Then("no error should be reported")
  public void noError() {
    assertFalse(error);
  }

}
```

测试清单 4-3 展示了运行这个测试所需的代码。它使用 JBehave 框架，注解@Given、@When 和@Then 分别指出了应该执行的代码。在测试的时候，一开始会使用 `givenUser()`方法将用户创建为对象；然后在 `registerUser()` 方法中进行注册；最后，调用 `exists()` 和 `noError()` 方法确保已达成预期的结果。

4.6.2 不同的适配器

为了实现这些测试，在上例中使用了一个适配器，它通过文本化验收测试调用应用程序逻辑（参见图 4-4）。这种方法的优点是不需要启动整个应用，而仅需启动一款只支持某些测试（例如，不需要图形用户界面）的简单应用。因此，测试会非常快。此外，很容易就可以在开发人员的计算机上启动测试，甚至常常可以直接在 IDE 中启动。在实现这个适配器时，开发人员可以精确地实现测试所需的功能。因此，这种测试实现更加简单（如图 4-4 所示）。

图 4-4 具有业务逻辑适配器的文本化验收测试

图 4-5 中展示了另一种方法：该验收测试借助于一个适配器在 Web 界面上运行。该测试仍然可以用自然语言编写，但基于的是 Web 图形用户界面。测试清单 4-4 展示了一个示例，测试发生在 Web 图形用户界面层，因此可以发现 Web 图形用户界面中的错误。但是，这些测试处于比 Selenium 测试更高的抽象层（如图 4-5 所示）。

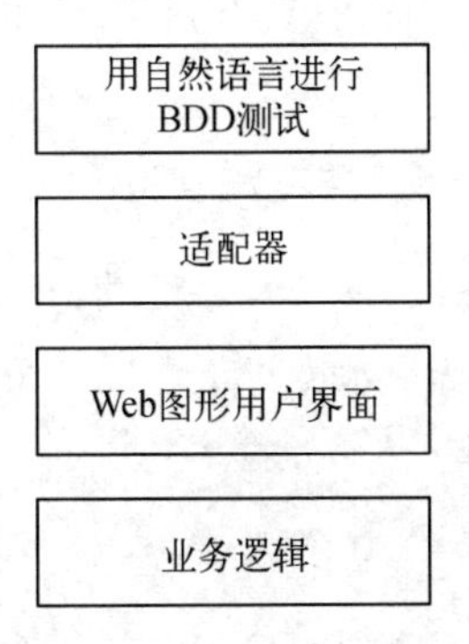

图 4-5 使用适配器对 Web 图形用户界面进行文本化验收测试

测试清单 4-4 通过 Web 图形用户界面进行文本化验收测试的示例

```
假定用户在主页上
当该用户输入 eberhard.wolff@gmail.com 电子邮件地址
并提交搜索表单时
应该能够找到相应的用户
```

与基于图形用户界面的验收测试相比，该测试的主要区别是没有命名具体的图形用户界面元素，也没有定义未找到用户时的网站外观。这些逻辑都在适配器层中实现。因此，与纯 Selenium 测试相比，这些测试的实现更容易，而且更稳定。如果图形用户界面更改了，可以修改适配器层进行补偿，使测试不会中断。

此外，其他文本化验收测试直接验证逻辑，而该测试可用于评估 Web 图形用户界面。然而，这也意味着必须有一套适当的运行环境和 Web 服务器。

4.7 其他可选框架

除了 JBehave，还有许多其他的框架也可以用于文本化验收测试。

- Cucumber 支持不同的编程语言，它像 JBehave 一样也可以使用自然语言编写测试。
- 针对 Ruby，RSpec 提供了对类似方法的支持。但是，它不能使用自然语言编写测试，而要用标准的 Ruby 语言。
- Jasmine 是一个 JavaScript 框架，可以用 JavaScript 代码编写需求。其代码非常易读，但是对于非开发人员来说，不如使用自然语言的框架那么容易理解。

使用 JGiven 可以用 Java 代码实现测试，但是测试的输出是纯文本的。因此程序员可以相对容易地编写测试，领域专家也可以理解功能。然而，如果使用它，实际上领域专家无法选择由自己编写测试。

像 RSpec 和 Jasmine 之类的工具声称支持行为驱动测试，但它们不支持自然语言。相反，它们专注于用编程语言实现的测试。这些方法的缺点是，用户不能充分理解这些程序代码。因此，它们没有实现验收测试的初衷，即关于需求的沟通和自动化方面的协作。

尝试和实验

可以在 https://github.com/ewolff/user-registration-V2 中找到示例项目，请执行以下步骤。

(1) 安装 Maven（参见 http://maven.apache.org/download.cgi）。
(2) 然后在 user-registration-V2 目录中执行 `mvn install`。

现在可以运行这些文本化验收测试了。

- 你可以在 user-registration-acceptancetest-jbehave 子目录中使用 `mvn integration-test` 执行这些测试。
- 试着更改点什么使测试失败。你可以在 src/main/resources/com/ewolff/user_registration/user_registration_scenarios.story 中找到用于测试的代码。
- 查看 https://jbehave.org/reference/web/stable/using-selenium.html，并尝试使用 WebDriver 实现测试清单 4-4 中的测试。可以以现有的测试为例。

> ❑ 看一看 Cucumber 的介绍。由于 Cucumber 支持多种编程语言，因此它不仅可以测试 Java 应用程序，还可以测试以其他编程语言编写的应用程序。

4.8 验收测试策略

为了从验收测试中获益，选择正确的工具极为重要。本章介绍的方法要么基于图形用户界面测试，要么基于验收标准的文本化描述。在此，重要的不是方法的技术先进性：验收测试首先服务于用户、需求工程师和开发团队之间的沟通。如果用户或需求工程师无法掌控某款工具，那么就不要使用这个工具，它最终将无法成功地应用。因此，为验收测试选择工具时的主要目标是易于使用和理解，特别是对于用户和测试人员来说。客户最终必须基于验收测试来验收软件。

4.8.1 合适的工具

一些客户和需求工程师习惯于使用 Excel 编写测试条款，其中包含对测试各个步骤的描述。同样，在有些项目中，会将 Excel 用于确定特定输入值的期望结果。在这样的场景下，使用 Excel 文件作为验收测试的输入会很有意义，这可以让大家保持使用相同的工具。Excel 表格中的数据必须以自动化的方式进行分析，因此必须遵守一些形式化的规则。尽管如此，相比必须让用户习惯新工具，掌握这些规则的门槛也要低得多。

这种方法的技术实现也不是很麻烦：例如，有一个集成测试框架（Fit）就遵循了这种方法。它适用于不同的平台。Fit 接受用于定义测试的 HTML 文件。大多数办公工具，如 Excel 或 Word，都可以将文档导出为 HTML 格式。这些文件可以作为这些工具的验收测试。

另一种选择是 Concordion。这个工具同样使用 HTML，然而，必须得重新编写 HTML 代码，不能直接使用从 Excel 或 Word 导出的文件。

因此，这些工具可以促进与客户关于验收测试的沟通。尽管如此，客户和团队并不一定总能围绕验收测试真正在一起工作。然而，即使在这种情况下，自动化验收测试也很有意义，因为它们确保了领域逻辑的正确功能。开发人员和客户在验收测试上的共同努力使生成这些测试变得更容易，并使大家尽可能对功能达成共识。如果没有协作，即使可能做到这一点，也会更加困难。开发人员可以在测试中记录客户的需求。最后，根据客户需求实现产品代码。

4.8.2 快速反馈

快速反馈是持续交付的一个重要目标。当开发人员检入错误代码时，持续交付流水线应尽可能快地指出错误。因此，关于验收测试，最好先测试所有特性的简单用例，然后再全面测试特性。当某个特性根本无法使用时，就会更早地检测到这个问题。如果存在这样的问题，该特性更细致的测试无论如何都会失败，这样就不必运行它们了。例如，可以跨持续交付流水线中的不同步骤来实现这种方式。

4.8.3 测试覆盖率

验收测试的目标并不是做完备的测试或高测试覆盖率的测试。理想的验收测试应这样组织：测试的成功执行等同于客户对软件的验收。因此，重点不应该放在极端情况上，而应该放在对于客户特别重要的功能上。

将探索式测试与验收测试结合起来考虑也很重要。自动化验收测试意味着将测试人员从常规任务中解放出来，使他们可以专注于探索式测试。不过，没有必要对所有测试都实现自动化，无论如何，都需要手动测试阶段。

尝试和实验

看看你目前的项目。

- 有哪些测试？
- 它们目前是如何表述的？是基于 Excel 的测试手册吗？距离完全自动化还有多远？
- 哪种工具（Selenium、JBehave、Concordion、Fit）最适合？最适合测试的哪一部分？

4.9 小结

基于图形用户界面的测试是验收测试的基础测试方法。起初，这些测试看起来似乎是非常好的策略，最终，手动测试也使用图形用户界面，因此，没有什么方法能比自动化这些交互更好了。使用 Selenium IDE 可以将这些过程记录下来，然后自动执行。然而，其实没有想象的那么容易：图形用户界面测试非常脆弱，即使对图形用户界面进行很小的变动，它们也会被破坏。如果将图形用户界面测试转换为代码，它们可以得以优化。然而，这样做之后，已录制的交互和测试就会出现非常大的差异，导致用户不知道测试是否实际覆盖了相关的业务逻辑。此外，这种做法也无法在代码实现之前定义验收标准。最后，手动测试的自动化可以确保这些测试能够发挥作用。然而，一个错误可能就会导致大量测试失败。例如，如果在设置测试数据的过程中出现错误，可能会使数据不可用，从而导致大量的后续错误。此外，使用这种方法时，仍然很难准备大量的测试数据。

文本化验收测试则没有这些弱点，因为它们是用自然语言描述测试场景的。这并不需要功能代码，可以在不需要实现任何代码的情况下编写测试。每个测试通常只覆盖一个场景，如果业务逻辑中出现了错误，那么应该只有一个场景会失败。

使用文本化图形用户界面验收测试是一个好的折中方案。最终，验收测试应有助于促进客户和开发人员之间的沟通。当客户只信任他们能够理解和执行的图形用户界面测试时，如果有必要，可以将它作为一条重要意见。也许简单的 Excel 表格更适合作为测试规范。在这种情况下，Concordion 或 Fit 可能反而成了备选方案，因为归根结底，客户几乎总是对的……

然而，即使不能通过验收测试完全实现与客户的沟通，以自动化验收测试确保软件中的业务逻辑得到正确实现，这也很有意义。

第 5 章

容量测试

5.1 概述

容量测试确保了一款应用程序为一定数量的用户提供必需的性能。5.2 节将讨论容量测试的动机以及实现容量测试要面对的基本挑战。5.3 节的重点是容量测试的具体实现。5.4 节将展示如何使用 Gatling 为示例应用程序实现容量测试，该工具特别适用于容量测试。由于不可能存在一款能够解决所有问题的最佳工具，因此 5.5 节将介绍一些备选方案。

示例：容量测试

本章将重点阐述容量测试的一个关键特性，即它们的自动化。在引入自动化容量测试之前，前言部分提到的大财团在线商务公司遇到的问题是：某些版本在生产环境中的性能会突然降低。在引入了自动化容量测试之后，现在每次变更都会先进行测试。性能问题可被追溯到某些代码的修改，并且还知道哪些用例是有问题的。以前，在手动测试之后才能发现可能存在的问题，而且这些测试通常都不正规，也未包含在标准测试套件里。因此，几乎不可能得到与性能相关的决定性信息。

5.2 如何进行容量测试

首先，必须澄清一些术语。

- 性能：系统处理特定请求的速度。性能差意味着用户必须经过长时间的等待才能收到系统的响应。
- 吞吐量：系统在一定时间内可以处理的请求数量。吞吐量低将导致只有很少的用户能够并行使用系统。

非线性效应是这个领域的一个基本问题。例如，当 200 个用户在服务器上形成 25%的负载时，如果系统是线性运行的，那么 400 个用户就会形成 50%的负载。然而，系统不是线性的，因此实际上的结果可能看起来完全不同。这极大地限制了容量测试的信息价值：测试环境与生产环境不同，而且执行测试使用的数据量也与生产环境中实际产生的数据量不一致。因此，考虑到的只是实际负载的一部分。

如果存在非线性效应，即使成功通过容量测试，生产环境中也可能会出现问题。具体来说，比如数据库中可能没使用索引。当测试数据集规模较小时，这不会造成问题，但是面对生产环境中的数据量，这可能会造成非常低的性能。

5.2.1　容量测试的目标

在可能的范围内，容量测试用于确保应用程序的性能和吞吐量。应用程序的性能和吞吐量是重要的非功能性需求：如果一款应用程序不够快，在一定程度内尚可接受，但突破了某个极限就不能再接受了。

5.2.2　数据量与环境

最理想的情况是能够在生产环境中执行容量测试，并且使用与生产环境中完全一致的数据量。然而，通常这是不可能的，因为不具备所需的硬件条件。

此外，数据必须相当于实际的生产数据，否则应用程序的行为将毫无参考价值。因此，开发一款测试数据生成器会很有帮助，这样可以相对简单地生成各种大型测试数据集。

5.2.3　只在实现结束时才进行性能测试吗

达成必需的性能是一个基本问题：最终，只有当应用程序完成业务功能并正确实现时，才能对其性能进行适当的评估。只有这样，应用程序才会执行它需要完成的操作。只要这个功能还没有完全实现，那么剩余的部分就可能导致性能测试的结果与实际不符。然而，如果最后开始性能测试，却发现应用程序实际上没有达到预期的性能，需要从根本上再做修改，那往往就太晚了。此外，在优化过程中，可能会将业务逻辑错误引入应用程序中。为了发现这些错误，必须再次进行验收测试。之后，必须再次进行容量测试，以评估性能是否得到了提升。

5.2.4　容量测试 = 风险管理

从本质上讲，容量测试是风险管理的一种形式。我们必须尽量让软件达到客户所需的性能要求。为此，模型的构建是重要的基础：我们必须对应用程序在生产环境中的实际表现和用户的行为建模。通常，这不是一件容易的事，因为每个用户可能会以不同的方式使用应用程序。如果已经有类似的应用程序投入使用了，则可以在容量测试中使用其生产环境中的度量指标。但是，如果正在实现的是一款全新的应用程序，那么就只能基于有根据的猜测进行容量测试。

5.2.5　用户模拟

至于用户行为，不仅用户数量很重要，而且他们使用应用程序的频率和可能会使用的特定功能也很重要。根据应用程序的不同，微小的差异会对性能产生重大影响，因此也会对容量测试产生影响。

通常，在类似于用例的场景中记录性能很有意义，比如对于电子商务网站来说，可能有不同的场景：搜索产品目录、选择不同的产品，以及签出。这些场景针对性能提出了更加具体的要求。

- 搜索可以持续多长时间？
- 需要多长时间才能完成购买？也许在这种场景下，可以接受比一开始的搜索等待更长的时间。
- 有多少用户会同时使用电子商务网站？

5.2.6　记录性能需求

性能测试的先决条件是各个场景对性能有具体的可度量的需求。像"快"、"大约 5 毫秒"或"感觉不到延迟"等说法必须替换成"小于 5 毫秒"等具体需求。基于这些值，可以在适当工具的帮助下模拟场景。

当然，重点在于需求必须是现实的。如果需求过于激进，软件就会进行过度的优化。这将增加实现成本，并可能需要购买昂贵的硬件。如果需求不够进取，软件最终将无法使用。这其中的权衡，需要有一定的灵活性。对于极端情况，可能需要较长的处理时间，这也是可以接受的。

5.2.7　用于容量测试的硬件

对于容量测试的硬件需求，模型的构建也非常关键：当生产环境尚不可用时，应该使用一套至少能够推断生产环境预期性能的环境。例如，如果应用程序稍后将在集群中运行，那么容量测试可能只需要一个集群节点就足够了。此外，必须选择模拟用户的数量来匹配生产环境中每个节点的用户数量。同时，必须通过测试确保应用程序也可以水平伸缩，也就是说，使用更多的节点实际上会分摊负载。但是，非线性效应仍然会使整个方法徒劳无效。

为获得可靠的结果，容量测试所使用的硬件应尽可能与生产环境中的硬件类似。这一点不仅适用于实际的服务器硬件（它必须能够对生产环境性能进行推断），还适用于模拟客户端和网络结构。而且，客户端必须在单独的系统上运行。否则，在这台计算机上的服务器和负载生成器将相互竞争资源。这会妨碍对生产环境的推断，因为此时容量测试的条件与实际生产环境完全不符。

此外，网络基础设施也应该尽可能接近生产环境：如果在生产环境中，服务器和客户机之间有各种各样的路由器、交换机或防火墙，那么进行容量测试时也应该如此。如果不能做到这一点，那么至少应该借助于模拟器在网络通信中产生类似程度的延迟。

当需要模拟大负载时，必须在网络中不同的计算机上安装多个负载生成器，并进行调度。这能够由多个计算机创建负载，这样可能的负载就不会受到单个计算机的能力限制。

5.2.8　云和虚拟化

在容量测试的场景下，持续交付的部署自动化有特别的好处：由于部署实现了自动化，就不用花费太多时间为容量测试搭建环境了。你也可以使用云解决方案作为基础设施。在云中，可以针对测试所需的确切时间租用环境。这降低了为容量测试准备类似于生产环境的环境的成本。因此，在类似于生产环境的环境中进行测试变得更加可行，因为租用即可，无须购买。因此，可以简单地测试不同规格服务器对应用程序的影响：在云中，可以重新启动一台计算机，并提供更多的 CPU 容量或内存。

在你自己的计算中心中，虚拟化方法提供了类似的选项。然而，在这种情况下，必须有足够的资源来建立一套类似于生产环境的环境，也就是说，必须得购买计算机。而在公共云中，只需要租用计算机。

当然，虚拟化环境的性能无法与物理环境相比，而且云基础设施会被许多客户使用，他们的活动可能会影响容量测试。然而，现在的生产环境也常常是虚拟化的环境，因此具有相同的影响。

5.2.9　通过持续测试使风险最小化

正如前面所提到的，容量测试的一个基本风险是：在项目结束时才测试，留给实现变更的时间太少。然而，只有在项目结束时才能真正测试应用程序的能力，因为这时才能正确实现完整的功能。而且，只有在这种情况下，才能可靠地评估性能。

当然，加上这样的测试阶段根本不适合持续交付。在持续交付流水线中，在每次提交之后都会启动容量测试，而不是依赖一次性的测试阶段。通过这种方式，应用程序的性能在任何时候都可以得到保证。在实现新功能时，可以同时实现新的容量测试，以保证新功能的性能。因此，在提交之后，马上就能清楚应用程序的性能是否受到了影响。这样，启动必要优化的速度会快得多，并且可以将重点放在最近修改的区域。这些区域可能是容量测试中已识别的问题的原因，因为在修改之前仍然能成功通过容量测试。同样地，这确保了应用程序在任何时候都能达到合适的性能；否则，在各自的最终测试阶段之后才能知道。这使得处理性能风险变得更加容易。

5.2.10　容量测试是否明智

容量测试的基本挑战是确保对生产环境中的性能和行为进行充分地建模。然而，无论是在硬件方面还是测试数据方面，模型都不可能是完美的。现实中的用户总是会有一些出人意料的想法，测试环境最终也必须关注经济性。因此，在生产环境中，容量测试必须总是与全面的监控保持紧密的联系。这样，才能使容量测试逐步与生产环境中的表现保持一致。此外，还可以对生产环境的性能进行评估。这些信息可以用来推导系统的优化策略。

持续交付流水线提供了一种将变更更快、更可靠地发布到生产环境的可能性。因为团队可以更快地做出反应，所以降低了性能问题的风险。因此，如果生产环境中监控了性能和容量，并且团队能够足够快速地对潜在问题做出反应，那么就不必在容量测试上投入大量的精力了。而且版本中的变更更小，并且可以回滚，可以进一步降低风险。因此，当新的软件版本在生产环境中出现性能问题时，可以使用像在第 7 章中描述的那些度量来识别生产环境部署期间的影响，并中止该软件的交付。这也是非线性效应导致容量测试预测受限的一个可能的答案。

5.3 实现容量测试

容量测试的一些实现方法与验收测试类似。

- 一种方法是通过单独的 API 实现容量测试。这个 API 为应用程序提供专门用于容量测试的功能（如图 5-1 所示，可以在适配器中实现）。负载由调用这个 API 的负载生成器生成。这样可以实现专门用于容量测试的功能，例如初始化测试数据。这种方法的一个缺点是与实际用法不一致，由此得出的结论并不能直接反映生产环境的性能——这是容量测试要考虑的又一个安全因素。应用程序的某些部分（如图形用户界面）根本就没有经过测试。

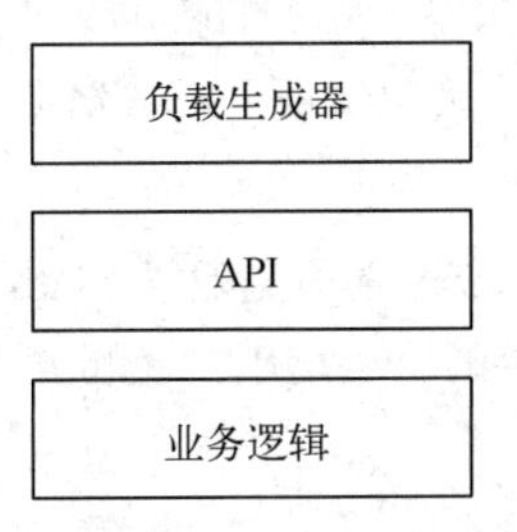

图 5-1 使用 API 进行容量测试

- 另一种方法是使用该应用程序在其他情况下使用的接口，可以是 Web 界面、图形用户界面或 Web 服务 API。负载生成器使用这个接口生成必需的负载，如图 5-2 所示。因此，应用程序的用法会与生产环境中的用法完全一样。然而，通过这种方式，容量测试的实现会变得更加复杂，因为需要使用各自的接口，尽管它不是为容量测试专门设计的。这些测试甚至包括测量浏览器渲染和加载 JavaScript 的性能。

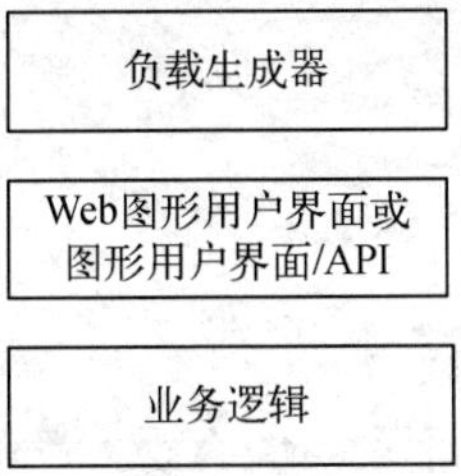

负载生成器

Web图形用户界面或
图形用户界面/API

业务逻辑

图 5-2 通过 Web 图形用户界面进行容量测试

容量测试需要得出明确的结论：应用程序是否符合要求。如果不符合，那么容量测试就算失败。这样可以确保潜在的性能问题确实能被发现并加以解决。如果只是发布一份报告，则必须进行人工分析，以确定得到的值足以给出结论。在某些时候肯定会忘了这一步。于是，就有可能出现没有及时发现性能问题的情况。因此，存在忽略容量测试结果的风险。

然而，详细的测试结果对确定问题原因很有益处。这是因为，报告可以准确地指出哪里产生了性能问题。

第 8 章将详细展开这个主题。

5.4　使用 Gatling 实现容量测试

针对示例应用程序，我们将使用 Gatling 作为容量测试工具。这个工具可以担任负载生成器来模拟真实用户的行为，以实现容量测试。Gatling 带来的优势如下。

- 它是用 Scala 语言实现的。因此，它既可以使用 Java 虚拟机（JVM），同时又可以利用 Scala 实现并发系统方面的优势。特别是对于负载生成器来说，最重要的就是可以以一种高性能的方式模拟许多并发用户，以实现逼真的负载。
- 它是用表述性的 DSL 编写的。这使得你可以轻松地制定和扩展自己的场景。最后将 Scala 作为一门编程语言，在此发挥它的全部能力。

我们再次以用户注册为例。第一步，必须先配置 Gatling 录制器（如图 5-3 所示）。它作为 Web 浏览器的代理，录制 Web 浏览器的所有请求。该配置主要决定在哪个端口下可以访问代理，以及在哪里存储录制的脚本。

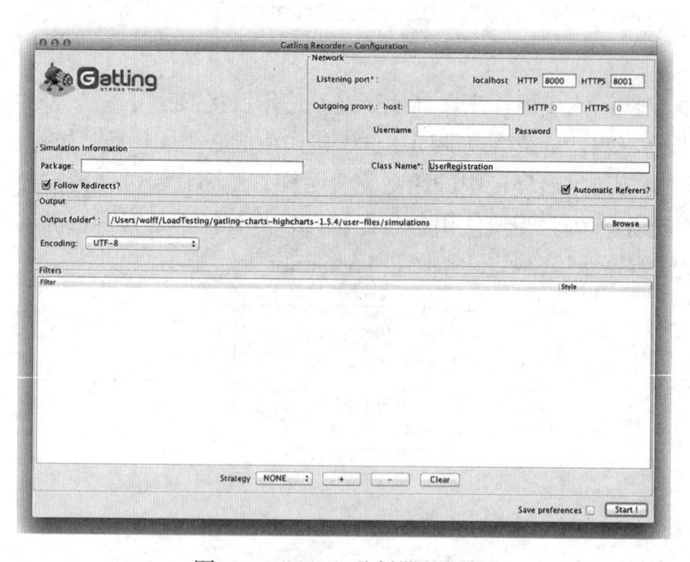

图 5-3　Gatling 录制器的配置

图 5-4 展示了录制的通信示例。在该示例中，录制器录制了示例应用程序初始页面的调用和新用户的注册。对于这个步骤，可以认为用户注册的数据是参数。服务器的响应是一个 HTML 页面。然而，此页面已被打包，因此不可读。录制器将这些交互保存为 Scala 源代码。

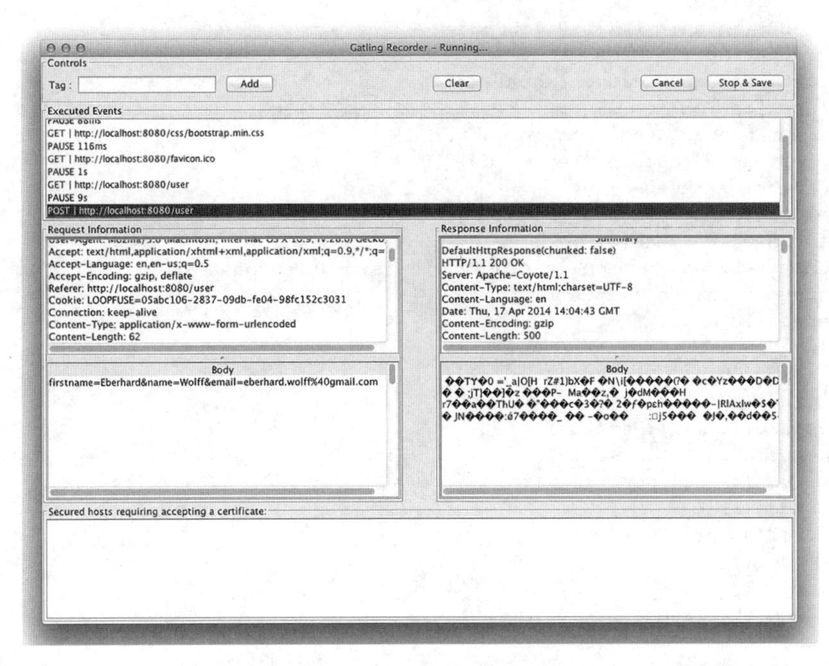

图 5-4 Gatling 录制器录制的内容

代码清单 5-1 展示了经重新手动编写后的代码。现在有了个 emailFeeder 对象：这个对象能够在每次测试运行时生成一个新的电子邮件地址。具体在本例中，是借助 UUID 实现的，即生成了一个全局唯一的数字串。虽然在交互中录制下来的是固定的电子邮件地址，但是这个测试代码在每次运行时会使用单独的电子邮件地址。借助于 emailFeeder，将适当的测试数据注入到测试中。如果所有测试在执行时都使用相同的电子邮件地址，就会出现问题，因为不允许两个用户拥有相同的电子邮件地址。如果出现这种情况，将会报错。在容量测试期间，将模拟多个用户同时使用这个应用程序，所以每个模拟用户需要使用不同的电子邮件地址。为了模拟更多的用户，通常需要对测试数据进行这样的参数化。

代码清单 5-1 用于容量测试的 Gatling Scala DSL 代码

```
class UserRegistration extends Simulation {
  val emailFeeder = new Feeder[String] {
    override def hasNext = true
    override def next: Map[String, String] = {
      val email =
        scala.math.abs(java.util.UUID.randomUUID.
         getMostSignificantBits)
```

```
        + "_gatling@dontsend.com"
      Map("email" -> email)
    }
  }
  val httpProtocol = http
    .baseURL("http://127.0.0.1:8080")
    .acceptHeader(
     "text/html,application/xhtml+xml,"+
      "application/xml;q=0.9,*/*;q=0.8")
    .acceptEncodingHeader("gzip, deflate")
    .acceptLanguageHeader("en,en-us;q=0.5")
    .connection("keep-alive")
    .header("Cache-Control", "max-age=0")
  val formHeader = Map(
    "Content-Type" -> "application/x-www-form-urlencoded")
  val scn = scenario("Registration")
    .repeat(10) {
      (
        exec(http("GET index")
        .get("/"))
      .pause(88 milliseconds)
      .exec(http("GET css")
        .get("/css/bootstrap.min.css"))
      .pause(1)
      .exec(http("GET form")
        .get("/user"))
      .pause(7)
      .feed(emailFeeder)
      .exec(http("POST user data")
        .post("/user")
        .headers(formHeader)
        .formParam("firstname", "Eberhard")
        .formParam("name", "Wolff")
        .formParam("email", "${email}"))
      .pause(4)
      .exec(http("POST delete user")
        .post("/userdelete")
        .headers(formHeader)
        .formParam("email", "${email}")))
    }
  setUp(scn.inject(rampUsers(5) over (10 seconds))).
   protocols(httpProtocol)
}
```

然后代码中的 `httpProtocol` 针对 HTTP 协议设置选项，比如不同的 headers 和应用程序的 URL。`formHeader` 变量中包含用于传输表单数据的附加 header。

实际的场景非常简单：将这个测试执行 10 次。首先，测试打开应用程序的主页（“GET index”）并读取使用的 CSS（“GET CSS”）。然后请求表单（“GET form”），并提交表单（“POST user data”）。最后，删除用户（“POST delete user”）。在这期间会有一些停顿（pause），例如，真实用户由于输入数据形成的停顿，这些停顿也称为“用户思考时间”。这种停顿可以真实地模拟用户的行为，毕竟用户需要一些时间来输入数据，并考虑下一步要做什么。

最后，在代码中启动这个测试。在该测试中模拟了 5 个用户，10 秒之后增加负载。这也就是说，将逐步启动其他模拟用户。这有助于避免一次启动所有模拟，致使应用程序突然经受非常高的负载。这样的场景是不现实的，它可能会导致应用程序崩溃，而这永远都不会在生产环境中发生。

在测试运行时，将测量不同步骤的响应时间和所有其他表现。“POST user data”的结果如图 5-5 所示。在开始时，应用程序仍然需要预热。之后，除了一个异常值外，响应时间的数值始终保持在较低的水平上。

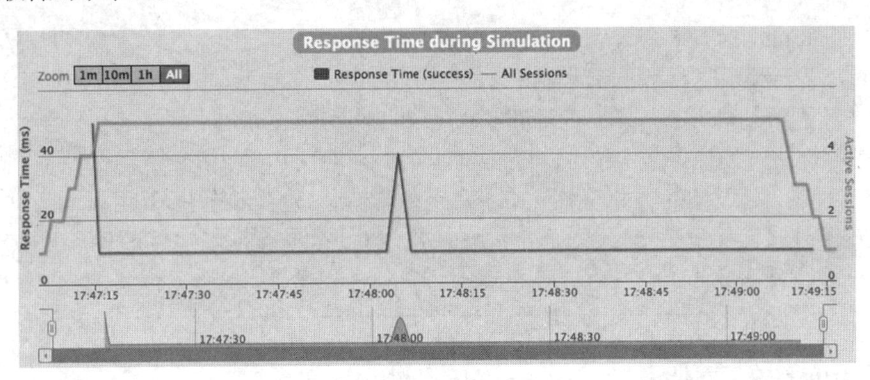

图 5-5　容量测试结果

演示与现实生活的对比

遗憾的是，为了使演示易于理解和使用，它违反了已确立的最佳实践。首先，应用程序和负载生成器是在同一台计算机上运行的。在需要测试实际场景时，负载生成器和应用程序无论如何都必须在不同的计算机上运行。否则它们就会争夺资源，这与生产环境是不一致的。此外，该容量测试只提供了一份报告，未定义明确的失败条件。因此，在应用程序的速度不够快时，测试会失败。

尝试和实验

可以在 https://github.com/ewolff/user-registration-V2 中找到该示例项目。执行以下命令。

- 安装 Maven（参见 http://maven.apache.org/download.cgi）。
- 然后在 user-registration 目录中执行 `mvn install`。
- 现在可以运行容量测试了。
  - 你可以在子目录 user-registration-capacitytest-gatling 中使用 `mvn test` 命令执行容量测试。
  - 执行完毕之后，可以在 target/gatling/results 目录中找到 HTML 格式的结果文件。

- 在互联网上搜索 Gatling Cheat Sheet。
- 在 Gatling 中搜索断言的相关信息，了解它们在 Gatling 2.0 中是如何工作的。

❑ 在 src/test/scala 目录中可以找到这些测试。

- 修改这些测试，使其由于性能不佳而失败。
- 为此你需要插入一个断言，请提前查看文档以了解这个特性。
- 你必须在 setUp 调用（就像 `httpProtocol` 的 setUp）中定义这个断言。
- 例如，可以检查"POST user data"的平均时间是否高于 1 毫秒。如果高于 1 毫秒，则测试应该失败。

❑ 查找 Gatling 录制器的文档。

- 下载 Gatling，运行录制器。
- 配置一个具有代理的 Web 浏览器。
- 现在用录制器录制查找客户的过程。没有查找到客户也可以，因为无论如何搜索都将得到执行。
- 还可以将此测试作为容量测试的一部分运行。但为此，你必须将测试代码复制到项目中。

❑ 使用不同的测试数据运行测试，例如，使用包含 0 条、1 条和大量结果的数据集。为此，可以使用以前注册电子邮件地址的 feeder。

5.5 Gatling 的替代工具

目前，Gatling 只提供对 HTTP 协议的支持。但是，你可以自己针对其他协议编写扩展。由于 HTTP 的限制，Gatling 很难通过 API 为应用程序实现容量测试。

5.5.1 Grinder

Grinder 是 Gatling 的一个可能的替代选择。使用这款工具，可以以 Jython 实现容量测试。这是 Python 的一个变体，由 Java 实现。另一种可选的编程语言是 Clojure，它类似于 LISP，但也在 JVM 上运行。因此，在用 Grinder 实现容量测试时，所有可以由 Java 调用的 API 都可以使用。因此，可以相对容易地针对 API 来实现容量测试。此外，它还准备了一些其他的类，用于测试使用 HTTP 或 JMS 协议的服务器上的应用程序。

5.5.2 Apache JMeter

还有一个选择是 Apache JMeter。这款工具为测试提供了一个图形编辑器，除了 HTTP 之外，它还支持不同的协议，比如 JMS、SMTP 和 FTP。它也可以先录制与网站的交互，然后再回放。JMeter 还可以可视化结果。JMeter 无疑是目前最为流行和使用最为广泛的工具。JMeter 有一款名为 BlazeMeter 的商业产品，它使用云中提供的计算机来执行负载测试。当然，这只适用于公开的网站。

5.5.3 Tsung

另一款有趣的工具是 Tsung，它是用 Erlang 编写的，是一种专门用于分布式系统的编程语言。此外，使用 Erlang 的编程范式，只需几个线程就可以生成大量的网络流量。使用它也可以相对简单地操作集群。因此，Erlang 为实现负载测试工具提供了理想的前提条件。Tsung 支持 HTTP、WebDAV、SOAP、PostgreSQL、MySQL、LDAP 和 Jabber/XMPP 等协议。它可以模拟不同的用户行为，还可以监控系统的性能。

5.5.4 商业解决方案

商业解决方案包括 HP LoadRunner 和 Rational Performance Tester。除此之外，还有一些商业化供应商提供在线的负载测试。如果使用它们，则在云中（与 BlazeMeter 一样）运行测试，因此你既不需要自己的服务器，也不需要花费精力安装。此外，只根据实际使用的时间为容量测试所用的资源付费。这样的产品可以使用大量的计算机，从而产生大量的负载。通常这些供应商还提供非常简单和有效的方式来评估测试并做出推断。此外，这些测试使用网站的方式与客户完全相同，即在具有完整网络拓扑结构的生产环境硬件上使用网站。

Spirent Blitz 是另一家供应商，只需使用一个简单的网站就能进行复杂负载测试的开发和执行。LoadStorm 提供了类似的可能性。使用它，可以通过在 Web 浏览器中录制交互来实现负载测试。

5.6 小结

容量测试确保应用程序支持预期的用户数量，并且能够有足够快速的响应。持续交付的目的是在每次提交时尽可能执行容量测试，以获得与应用程序当前性能相关的持续反馈。一个重要的先决条件是确定应用程序正确的性能需求，并搭建一套能够对实际生产环境中的表现进行推断的环境。

这些测试既可以通过特殊的 API，也可以通过用户使用的接口（例如 Web 接口）使用应用程序。

Gatling 的例子展示了一个典型的容量测试过程：录制与网站的交互。在此基础上，使用可以评估应用程序性能的 DSL 实现适当的测试。这些测试仍然可以以代码的方式进行微调。它可以成为持续交付流水线的一部分，从而在每次运行流水线时都可以测量当前的性能。

同样作为 Gatling 的替代品，Grinder 将测试编写为 Clojure 或 Jython 程序，而 Apache JMeter 的特点是容量测试的图形化实现。

第 6 章

探索式测试

6.1 概述

目前为止，本书的重点一直都放在自动化测试上。本章的重点是手动测试，尤其是探索式测试。6.2 节将讨论探索式测试的意义所在。6.3 节将展示执行这些测试的具体步骤。在《探索吧！深入理解探索式软件测试》一书中更详细地解释了这些概念。

示例：探索式测试

前言中提到的大财团在线商务公司在手动测试方面很有经验，对于每个版本，最终都有一个全面手动测试的阶段。然而，自从引入了自动化验收测试之后，手动测试的重点发生了变化：现在它们的主要目标是充分测试新功能的功能性。在这种情况下，最重要的一点是从业务领域的视角来理解软件。这正是手动探索式测试的特征。此外，探索式测试还可用于评估和改进选取的软件特性：可用性够不够？安全性够不够？到目前为止，是否存在没有想到的极端情况？

6.2 为什么要进行探索式测试

持续交付主要关注自动化测试。手动测试的成本非常高，尤其是在需要频繁测试应用程序的时候，每个测试都必须由测试人员来执行和分析。而自动化测试只需要实现一次自动化。随后的运行都是自动化的，实际上是免费的。特别是在实现持续交付时，会对应用程序进行一次又一次地部署，从而非常频繁地进行测试。因此，应该将测试自动化，否则成本太高。

6.2.1 有时手动测试会更好

然而，在某些情况下，手动测试可能是更好的方法：当面对新的业务功能时，应当首先由专家手动测试一下应用程序。若要做到这一点，测试人员必须了解该领域的上下文，这样他们才能更可靠地评估这些功能。需求或用户故事可以作为这些测试的基础。此外，也可以借助手动测试对需求进行更严格地检查，以识别潜在的错误。自然，这不能通过自动化测试来实现，因为这些需要基于已定义的需求。

事实上，通常测试人员只有在脱离脚本独立地检查和探索应用程序时才能发现缺陷，探索式测试正是基于这一事实。在这个过程中，他们在测试时会依赖于自己的经验，对应用程序哪些方面容易出错做出判断。所以，这样的方法当然无法自动化，只有经验丰富的测试人员才能执行这样的测试。

在这种情况下，探索式测试是一款很好的工具，使用它可以更细致地着眼于容易出错的功能或某些错误行为。例如，当某个功能或某个模块在生产环境中更频繁地暴露问题时，探索式测试可以更仔细地分析这一部分，以发现其他错误。

6.2.2 由客户测试

有时候，客户可能想要在版本验收之前对其进行测试。在这种情况下，重点同样是新的功能。如果客户也测试之前的旧功能，团队应该让客户更加信任自动化。例如，团队可以演示如何以自动化的方式测试客户手动评估的功能。此外，团队还可以针对新功能以自动化测试的方式实现客户的验收测试。

永远都不要手动执行回归测试，因为如果每个版本都必须进行手动测试，成本就太高了。但要注意，并不是每个需求都必须实现自动化测试。只要自动化测试能为团队发布应用程序提供足够的信心就可以了。为了实现这一点，通常应用程序必须至少执行一次完整的测试。该测试会测试到所有的用例，而且都能通过，没有任何错误。

6.2.3 非功能性需求的手动测试

虽然，探索式测试重点关注的是软件新实现的功能。但是，当涉及非功能性需求时，手动测试就会优于自动化测试了。

- 首先是评估应用程序易用性的可用性测试。此类测试对于人类来说非常简单，但很难以自动化的方式实现。
- 同样，手动测试也适用于检查外观或对设计准则的遵守。这种人类看一眼就可以发现的错误，用自动化却很难实现。
- 最后是安全测试。相关专家通常会更容易实现此类测试，而自动化会很难。在这一领域，也经常使用代码审查或渗透测试，这些也很难实现自动化。

6.3 该怎么做

探索式测试主要针对新的业务功能。因此，测试人员必须根据需求来评估应用程序。在这个过程中，像 Selenium 这样的工具（参见第 4 章）可以支持例行活动的自动化。它们可以录制与应用程序 Web 图形用户界面的交互，然后进行回放。之后，测试人员可以继续对应用程序进行手动处理。这样的自动化脚本也可以作为以后实现测试自动化的基础。

6.3.1　测试任务指南

测试计划描述了应该以何种方式测试哪些功能。同时也可以指出，哪些测试的成熟度和复杂性已经达到了一定的程度，将它们自动化会产生收益。因此探索式测试不使用测试计划，而是使用章程（参见 6.3.6 节）。

6.3.2　自动化的环境

以自动化方式搭建的环境是探索式测试的良好基础。在这个环境中安装必要的软件，并应具备适当的测试数据。只有那些之前成功通过其他阶段测试（即提交阶段的测试、自动化验收测试和容量测试）的版本，才应该使用探索式测试进行评估。否则，在质量存疑的版本上进行手动测试就是在浪费精力。

6.3.3　以展示为依据

展示可以作为探索式测试的具体依据。敏捷项目在迭代结束时，通常会在展示会之类的场合向客户展示新实现的功能是怎样工作的，以及使用这些功能可以完成什么。这恰恰是应该采用探索式测试来开发的功能。因此，成功开展这样的一次展示会可以成为探索式测试的一个结果。

6.3.4　示例：电子商务应用程序

我们假设在一款电子商务应用程序中实现了速购的功能。在进行探索式测试时，专家一开始可以先创建一个订单，测试这个订单是否得到了正确处理。除了这项明显的测试之外，还可以测试当客户订购当前无法交付的产品时会发生什么，或者速购的交付时间太长时会发生什么。同样，也可以测试一下取消订单。在此过程中，可以特别注意一下容易出错的流程，例如，订单状态的更新。由于测试人员了解业务流程和当前系统以及哪里容易出错，因此手动测试会非常有效。当然，这也为自动化测试奠定了良好的基础，避免应用程序之后受回归影响。

此外，探索式测试可以使用业界成熟的技术来检查可用性和外观。在此，用户访谈也很有帮助，或者可以把与软件的交互录制下来随后再进行评估。

另一种适合采用手动测试的是安全性测试，例如，渗透测试或关注安全问题的代码评审。同样，容量测试或性能测试也是手动测试的一种选择。然而，这些测试通常需要一款负载驱动程序，因此不自动化就很难实现它们。

6.3.5　Beta 测试

Beta 测试是一种探索式测试。做 Beta 测试时，软件会被分布到一个有限的用户圈内，由这些用户试用软件，并报告错误和改进建议。在某些情况下，这样能够测试新的软件版本是否带来了切实的影响，比如更高的销量。

6.3.6 基于会话的测试

基于会话的测试是一种组织探索式测试的有效方式。采用这种方式时，将测试划分为多个会话，每个会话都有一个任务，它定义了哪种错误或哪种问题是本会话关注的焦点。会话可以说是对应用程序的探索。探索的目标由章程决定。例如，地理考察的章程目标是探索特定的景观。对于探索式测试，同样由章程决定会话的目标。章程的格式如下：

探索……（目标）
用……（工具）
以发现……（信息）。

这三部分决定了以下内容。

- **目标**是打算作为测试重点的某部分应用程序，即某个功能、需求或模块。
- **工具**定义了测试应采用的方法，可能是特定的数据集或软件工具。
- **信息**决定了测试结果应该是什么，可能是关于安全性、速度或可靠性的见解。因此，探索式测试不一定只需要面对领域需求和错误。

在示例的用户注册场景下，可以考虑以下探索式测试的章程：

探索用户注册
使用合适的数据集
以确保正确的国际化。

因此，用户注册可以使用包含罕见字母的姓名进行测试，甚至使用完全不同的字母组合（如韩文、日文或中文字符）。也许姓和名的分法并不适用于所有国家，哪些字母可以用在电子邮件地址中呢？

目的不同，章程可能会完全不同，比如：

探索用户注册
使用 OWASP 攻击
以发现安全漏洞。

OWASP 是 Web 应用程序中最常见的一组安全漏洞。在本例中，探索式测试评估的是安全性（非功能性需求）。

这两种章程都有一个共同的特点，那就是它们都是以泛泛的方式制定的。最终，手动测试不应该完全提前都定义好，只应该给定目标和大致的方法，由测试人员自己负责测试会话的具体实现。

章程从需求派生而来，也可以用于更仔细地探索某些风险，例如，在早期识别安全漏洞。

探索式测试的正式结果是会话的报告，其中除章程外，还应包含如何执行测试、发现的错误以及会话持续的时间等有关信息。最后，对会话进行回顾。一个会话只有几个小时。通过这种方式，可以将手动测试划分为具有特定目标的不同会话进行组织。

测试人员可以相对自由地选择工具。除了用于测试自动化的工具，还有评估日志文件或系统指标的工具。当然，本书中介绍的用来监控或日志分析的工具对此非常有用（参见第 8 章）。此外，也可以在接口、API 或 Web 服务之上进行探索式测试。这自然需要测试人员具有扎实的技术知识。只有当测试人员熟悉必要的工具时，才有可能进行这样的测试。在极端情况下，测试人员甚至得自己编写所需的软件。

在测试过程中，测试人员需要针对以下各种情况使用不同的技术探索软件。

- 有变量的应用程序。根据变量类型的不同，可以包含不同的值。因此，有必要针对不同的变量进行测试，例如，在名字中使用汉字。
- 可修改的交互或流程。当业务流程没有按照最初预期的方式运行时，我们能够检查发生了什么状况。
- 此外，测试人员可以探索实体及实体之间的关系，看看是否允许创建无效的实体。
- 许多应用程序具有特定的状态和状态转换。在这种情况下，测试人员可以测试状态实现是否合理，或者是否会出现意料之外的状态。

这些技术使测试人员能够实现不同的章程，从而探索软件的潜在弱点。

尝试和实验

- 针对用户注册功能，实施上文中提到的其中一个测试章程。
- 针对用户注册功能，还可以添加哪些有意义的测试章程？

接下来，自己选择一个项目。

- 选择一个功能。针对此功能的测试，合理的章程应该是什么样的？
- 对该应用程序来说，哪些非功能性需求（例如，安全性或性能）特别重要？设计一个测试它们的章程吧。

6.4 小结

再明确一遍：在持续交付的项目中，不应该实现太多的手动测试。持续交付意味着会更频繁地发生部署和测试。因此，自动化测试几乎总是值得的。然而，万事皆有例外，实际上针对新功能的探索式测试只能以手动方式进行。这么做能使你更好地了解应用程序容易出错的地方，并使用测试来防止回归。对于可用性测试或外观测试也是如此，当然还有其他非功能性需求的测试，比如渗透测试。针对新功能的探索式测试最终也应该实现自动化。此外，探索式测试对于更深入地研究应用程序的某些方面也是一个很好的选择。最后要明白一点，并不是所有的错误都可以通过自动化测试检测到。

第 7 章

部署：在生产环境中发布版本

7

7.1 概述

最终在生产环境中的部署只是另一次部署罢了，第 2 章已经详细讨论了用于部署的工具。然而，在生产环境中进行部署时，失败的后果要比在测试环境中严重得多。因此，本章将介绍一些能够进一步最小化在生产环境中部署的相关风险的方法。7.2 节将讨论撤销软件发布的想法。如果出现问题，可以立即发布消除了错误的新版本，即前滚（参见 7.3 节）。7.4 节将介绍另一种可能性：采用蓝/绿部署方式，为新版本搭建一套全新的环境。这样就可以并行运行新版本和旧版本，如果一切正常，再从旧版本切换到新版本。另外，也可以考虑使用金丝雀发布（参见 7.5 节）：先在少数几台服务器上部署软件的某个版本，然后再全面部署到所有计算机上。7.6 节将演示如何使用持续部署将每个代码变更部署到生产环境中。本章介绍的大多数方法是面向 Web 应用程序的。7.8 节将解释如何部署其他类型的应用程序。

对于生产环境中的部署，数据库是一项特殊的挑战。这个主题将在 11.5 节中详细讨论，因此本章不会具体介绍。

示例：部署

前言中提到的大财团在线商务公司一开始认为，由于实现了基础设施的自动化，因此生产环境中的部署将会非常容易，相关的风险也将大大降低。事实确实如此，然而部署仍然需要关闭网站，使网站暂时不可使用。此外，由于生产环境与测试环境不同，有一次部署仍然失败了，这导致生产环境崩溃了。因此，必须采取额外的措施使软件可以安全地发布到生产环境。仅仅将生产环境更新到软件的当前版本是不够的。必须可以回退到之前的版本，或者通过其他方法避免生产环境崩溃。本章将介绍这些措施。

7.2 发布和回滚

在发布到生产环境时，风险管理尤其重要。为了最小化风险，最显而易见的方法是提供回滚选项。当软件的新版本出现问题时，可以通过回滚将其替换为旧版本。

当诉诸这种备选方案时，如果再发生错误，则会使应用程序暂时不可用。因此，必须对这个过程进行测试，以确保它在紧急情况下能够真正发挥作用。

7.2.1　优点

这个流程本身不是特别复杂，毕竟，应用程序的旧版本已经成功发布到生产环境，并且所需的流程与新版本的流程应该没有本质上的区别。只是，数据库的处理可能会有问题（参见 2.9 节和 11.5 节），因为在关系数据库中，数据库模式的变更可能相当复杂且不可靠，特别是在数据量较大的情况下。对于回滚，除了必须保留旧版本以及建立将旧版本重新发布到生产环境的流程之外，不应有任何特殊的额外开销。

7.2.2　缺点

在生产环境中部署旧版本的流程是无法进行全面测试的，因为永远不可能在生产环境中运行此类测试。因此，回滚总会有一定的风险。如果数据库发生变更，那么风险甚至会更高，因为必须要避免数据丢失。

在回滚时，必须将旧版本重新发布到生产环境。这需要一些时间，因此应用程序免不了要停止运行一段时间。如果要保持应用程序一直可用，意味着基本上不可能进行回滚。另一个问题是数据库的变更：这些变更很难撤销。这就增加了回滚之后最终仍然无法正常运行的风险，使流程更加复杂，并导致更长的停机时间。因此，在许多场景中，回滚只是一个理论上的选项，除非采用 2.9 节和 11.5 节中所述的特殊方法，以更智能的方式处理数据库。

另一个问题是，尽管应用程序在回滚之后又可以使用了，却很难找到新版本出现问题的原因。通常，生产环境计算机中的数据和日志文件对于确定问题的根本原因极为关键。然而，回滚期间删除的可能正是这些信息。此外，由于大多数的回滚必须尽快完成，因此很可能忙中出错，删除了重要的信息。在这种情况下，分析问题的唯一方法就是模拟生产环境中的情况。然而，不能对这种策略抱太大的希望：毕竟，应用程序已经在类似于生产环境的环境（准生产环境）中进行了全面的测试。如果错误只在生产环境中出现，那么很可能在生产环境之外很难重现。

7.3　前滚

除了回滚之外，还可以使用前滚（roll forward，也称 patch forward）。在这种情况下，将在出现错误时部署软件的新版本。该版本修复了错误。当然，这次变更也必须经过测试。但是，由于有了持续交付流水线，这不会产生太大的开销。最后，这种方法相信持续交付流水线能够以足够快的速度交付变更，从而快速消除错误。

7.3.1 优点

由于变更相对较小，因此可以非常快速地执行此版本的部署。一般认为它花费的精力与回滚相同，但其实这种方法比回滚要简单得多：它是一次没有回滚过程的发布。如果变更过数据库，可能很难回滚这些变更，而在前滚时，数据库中的变更通常保持不变，这使得这一方法更加容易实行。

此外，使用这种方法没有极端情况：解决问题的过程与推出新版本的方法相同，理想情况下，这个过程每天会执行多次。因此，不需要再测试任何极端情况。

7.3.2 缺点

使用前滚时，不存在回到一个肯定有效的版本的简单过程。当然，代码变更可以通过版本控制快速撤销，然而，到底哪一部分代码导致了问题，并不总是那么显而易见。此外，如果已经变更过数据库，旧代码可能会无法使用新的数据库。如果错误最后变得更复杂了，那么可能需要在非常有限的时间内找到解决方案。

然而，可以通过额外的措施来降低这些风险。第 11 章将讨论良好的架构如何减轻组件故障的负面影响，以及如何更好地处理数据库的变更。本章将要介绍的技术也有助于降低风险。最后，前滚还表明团队已经很好地实现了持续交付。团队对其发布能力和持续交付流水线有足够的信心，在紧急情况下，它宁愿选择发布新版本，也不愿回退到旧版本。同时，由于不再需要提供回滚，因此可以降低持续交付流水线的复杂性。

7.4 蓝/绿部署

若使用蓝/绿部署，则是将软件的新版本安装在一个完全独立的系统上。最终要将新版本真正发布到生产环境时，只需从当前环境切换到新环境，比如通过重新配置路由器（如图 7-1 所示）。

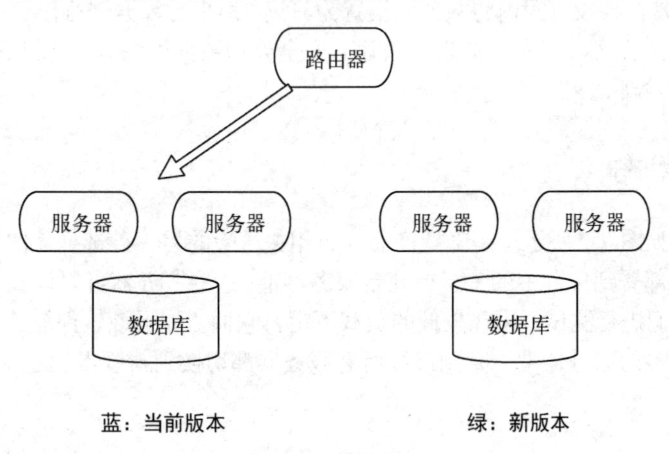

图 7-1 蓝/绿部署

7.4.1 优点

使用这种方法，在将新的软件版本发布到生产环境时，不会有应用程序中断服务的风险。此外，可以在新环境中全面测试应用程序的性能和功能。即使出现了问题，回退也非常简单，只需要把路由器切换回旧环境即可。

7.4.2 缺点

这种方法的一个明显问题是资源消耗很高：你必须同时提供两套环境，并且都需要足够的规格来处理生产负载。这意味着生产环境中的每台机器都需要提供两次。可以通过各种策略来解决这个问题，比如使用公共云，这个问题就化解了不少。在部署和测试新环境时，只需要在这段有限的时间内提供第二套环境。当新版本稳定运行时，就可以停掉旧版本的环境了。由于在公共云环境中，只有在使用资源时才需付费，因此产生的成本要比公司数据中心低得多，毕竟公司数据中心必须长久地提供资源。

但是，即使不在云环境中，也有办法应对资源消耗问题。例如，准生产环境可以用作另一套生产环境。发布到生产环境之前的最后一次测试是在这样的环境中执行的。因此，这个环境必须尽量与生产环境一致。从准生产环境到生产环境，只需要将应用程序重新配置一下即可。例如，用实际的生产数据替换测试数据，以及调用生产环境中的第三方系统，而不是模拟系统。当然，将准生产版本转换为生产版本的过程必须实现自动化，以避免人为错误。

此外，还可以在每台服务器上安装生产版本之后的新版本。两个版本都必须使用不同的端口以做到彼此分离。所以，如果这么做，设置将变得更加复杂。而且，各服务器还必须能够同时支持软件的两个版本。

在这个场景中，数据库仍然是个问题，因为必须在两个环境中保持数据库的同步。若要规避此问题，一种选择是在某段时间内将数据库设置为只读，禁止对数据进行任何更改。2.9 节和 11.5 节介绍了其他的备选方案。但是，如果无法建立安全处理数据库的方法，那么蓝/绿部署的可行性也并不比回滚方式高。

7.5 金丝雀发布

金丝雀发布（如图 7-2 所示）是降低产品发布相关风险的另一种选择。使用此方法时，最初只把新的软件版本部署到集群中的一台或几台服务器上。这些服务器可以设置为先不响应用户的请求，从而先对它们进行测试，再在较低的负载下运行它们。如果该软件能够通过测试，就可以将其逐渐部署到更多的服务器上，直到最终所有服务器都切换到新版本。

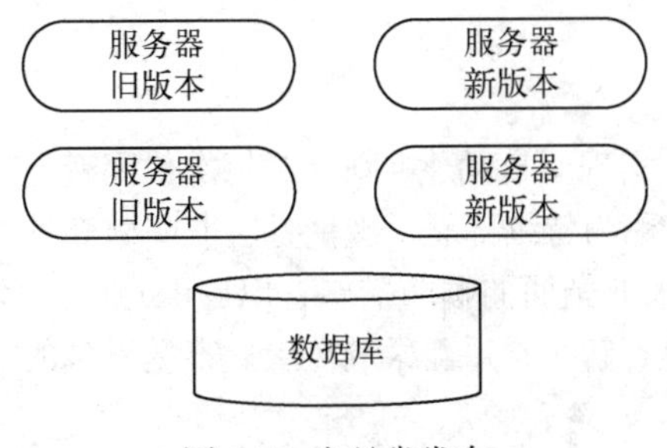

图 7-2　金丝雀发布

这种方法是以煤矿开采中使用的一种策略命名的。煤矿工人在采矿时会把金丝雀带进矿井，因为金丝雀对有毒气体很敏感：如果金丝雀看起来很紧张甚至昏厥，就说明最好离开矿井。金丝雀发布背后的策略与之类似：当新版本软件在第一批服务器上运行情况不佳时，就不应再继续部署到更多服务器上了。因此，该方法设立了一种早期预警系统。

7.5.1　优点

这种方法让我们可以在没有任何应用程序中断服务的情况下部署新的软件版本，即零停机部署。同时，这种策略无须很多额外的资源。只要不在高负载期间进行部署，在较空闲时总可以腾出一些服务器来部署新版本软件，而不需要它们立即接管负载。我们还得以在生产环境中测试应用程序，而无须担心给用户带来潜在的问题。在执行这些测试的时候，可以对应用程序进行检查，看看哪些存在业务逻辑问题，并可以评估其在生产环境中的性能。

采用这种做法，自然而然就能很简单地回滚到旧版本：只需要在服务器上重新安装该软件的旧版本即可。这应该不会造成任何问题，特别是在自动安装的情况下。或者，可以关闭装有新版本软件的服务器，并以自动化的方式重新搭建装有旧版本软件的服务器。

7.5.2　缺点

采用这种方法时，数据库和第三方系统必须同时支持该软件的两个版本，这增加了复杂性。因此，任何时候生产环境中都不应该有两个以上的软件版本。在生产环境中同时拥有多个版本会导致非常高的复杂性，而且也没有任何用处。这种方法的唯一目标应该是将整个生产环境逐步切换到新的软件版本。生产环境中同时有两个软件版本的唯一原因是，希望将生产环境中与发布版本相关的风险降到最低。如果在生产环境中同时运行两个软件版本，就会出现许多问题。例如，两个版本中的错误都必须修复，而且要为两个版本建立持续交付流水线。因此，这种状态应该只持续几个小时。如果证明新版本不适合投入使用，则应迅速从生产环境中删除；反之，如果该版本运行良好，那么就将其直接发布到所有服务器上。

7.6 持续部署

如果部署流水线已经基本实现了自动化，则针对每次代码变更，可以在生产环境中以完全自动化的方式部署应用程序。这称为持续部署。这种方法彻底抛弃了传统方法，乍看来貌似很难实现。蓝/绿部署或金丝雀发布采取全面的预防措施，以确保在生产环境中不会出现问题，或者至少确保潜在的问题能够快速得到解决，并且尽量在用户察觉不到的情况下就解决，这是有充分理由的。

然而，持续部署当然也可以采用金丝雀发布之类的策略，在所有用户实际使用应用程序之前，先在有限的几台服务器上部署它。这样将每个变更发布到生产环境时，变更的规模就会更小，风险也会降低。最终，小变更产生问题的可能性当然比大变更小。因此，就其范围而言，这样的部署根本无法与传统部署相比。如果实现了第 11 章中所述的架构方法，甚至根本不用改动应用程序的大部分内容，从而进一步降低了风险。此外，组织性措施有助于进一步降低风险。例如，只能在办公时间内进行部署，监控信息可以立即传送给开发人员，以快速识别潜在的问题。

最后，只有使用特性开关，才能明智地实现持续部署（参见 11.7 节）：最初，先不在生产环境中激活新特性。只有在完全实现、测试和清理之后，才在生产环境中激活它们。如果不将新特性与版本解耦，新版本就不能可靠地持续发布到生产环境。由于手动测试主要关注的是这些新版本，因此如果可以的话，可以省略这个阶段。

7.6.1 优点

持续部署的另一个优点是，进一步减少了在生产环境中修复问题所需的时间——如果有问题，只需生成一个新的软件版本（前滚，参见 7.3 节）。这个新版本成功通过持续交付流水线后自动发布到生产环境。与经常使用的热修复（通常要经过正式的流程）相反，这里完全遵循常规流程。由于每个变更都很小，因此在生产环境中，这样的修复相对较快。因此，在这个模型中不再需要对热修复进行特殊处理。此外，这样还可以省掉回滚的选项：当每个版本足够小时，出现问题时可能只需交付一个修复过的新版本，而不必回滚。当使用附加措施（比如金丝雀发布）来保证质量时，尤其如此。

使用持续部署，会增加团队的责任：要将每个变更发布到最终的生产环境。这对质量有积极的影响：团队必须非常确定新的版本不会实际在生产环境中引起任何问题。因此，团队将全力打造部署流水线，融入安全措施，以尽可能避免在生产环境中出现错误。这会形成一个非常整洁的方法。此外，软件架构也将得到优化，即每次发布时只需要改动很小的一部分，这将进一步提高质量。然而，这也意味着没有针对持续交付进行过优化的架构可能无法实现这种方法。

由于将变更发布到生产环境中变得更加容易，这种方法还带来了更大的灵活性。可以将新特性迅速发布到生产环境，随后评估用户对这个变更的反应以及这个特性在生产环境中的表现。最终，可以在下一个版本中快速更改或关闭这个特性。

7.6.2 缺点

为了切实有效地实现这种方法，就必须拥有一条经过深度优化的持续交付流水线。这是一笔很大的投入。此外，必须对软件架构进行适当的优化。因此，如果项目从一开始就被设计为支持这种策略，那么不需要花费太多精力就可以实现这种方法。当然，只有在持续交付流水线的质量足够高时，才能实现持续部署。否则，这种方法很容易导致严重的问题。

此外，这种方法以信任为基础：原则上，每个开发人员都可以将代码发布到生产环境。如果存在手动测试阶段，则至少需要一个手动清除的步骤。在某些具有限制性合规需求的环境中，省略这一步可能会出问题。通常，发布必须由那些不负责修改代码的人来执行，甚至是由在独立的组织单元中工作的人来执行。但是，可以将“四眼”原则（即双人监控原则）集成到流水线中，这样既能够实现持续部署，又能够满足合规需求。这将降低开发人员的责任感，因为他们觉得测试会发现潜在错误。直接部署到生产环境意味着开发人员必须自己对质量负责，这种责任感能够带来更高的质量。

7.7 虚拟化

当然，必须能做到在生产环境中以自动化的方式安装服务器。为此，需要在服务器上启动新的虚拟机，并在其上安装软件。以下几种技术推动了这一进程。

VMware 为大型服务器基础设施的运维提供了全面的商业解决方案。长期以来，许多企业一直在使用这些技术，并在实践中证明了它们的价值。ESX 用于实现服务器虚拟化，而 vSphere 用于管理复杂基础设施，其处于 VMware 产品线的中心位置。在该产品系列中，除了它们之外还有一些用于灾难恢复或虚拟网络的工具。此外，VMware 还为私有云提供了即时可用的解决方案。

OpenNebula 是一个具有类似选项的开源解决方案。此外，它还提供了与 Amazon Cloud 相同的 API，这样就可以将公共云中的资源作为你自己的数据中心资源的有益补充。OpenNebula 由 OpenNebula Systems 公司开发，旨在为企业提供一套简单易用的环境。

OpenStack 也是一个开源解决方案，许多企业供应商在为 OpenStack 的进一步发展提供支持。这些供应商提供了他们自己的 OpenStack 发行版。因此，这项技术得到了相当广泛的应用。OpenStack 由许多用于管理存储、计算资源和网络的独立服务组成。由于含有许多服务，它的安装可能会成为一项挑战。与 OpenNebula 一样，OpenStack 可以支持不同的虚拟化管理程序，如 Xen、KVM 和 ESX。

云领域的其他解决方案还有 Eucalyptus 和 CloudStack。

目前，还有一些专门针对 Docker 的解决方案（参见 2.5 节），它们可以直接运行 Docker 容器。前面已经介绍过的虚拟化解决方案也基本可以直接支持 Docker。

因此，可以在生产环境中使用虚拟机。正如第 2 章中介绍过的，在这些虚拟机上安装应用程序的技术有很多。理想情况下，在启动虚拟机时，软件就会立即安装到虚拟环境中。本书中没有详细描述如何搭建这样的环境，只是介绍了自动化应用程序安装可能会用到的技术栈。

物理机

原则上，上文提到的方法都可以应用于使用物理机的生产环境。对于大多数技术来说，应用程序最终是在虚拟机上还是在物理机上进行安装或监控并不重要。此外，在生产环境中，虚拟化提供的灵活性不再具有决定性的优势：虽然这一点在构建测试环境时非常有用（例如，当需要多套可以安装不同版本或者用于不同任务的环境时），但真正投入使用时，通常只有一套环境。但是，使用虚拟机更容易实现金丝雀发布、蓝/绿部署和持续部署等方法。

7.8　Web 应用程序之外

目前提出的方法都需要在服务器上部署软件。这样做的好处是，这些服务器都受软件开发组织的管控，使得直接部署非常简单。然而，有一些软件不能以这种方式运维，通常是移交给客户，然后由客户来安装。在这种情况下，本章所述的一些方法就很难再发挥作用了，比如，只能通过网上商店销售的移动应用程序。

在这种情况下，可以采用以下方法。

- 可以自动化客户端计算机上的部署，例如通过配套的升级服务器。原则上，这可以让你随时发布新特性。应用商店已经提供了这个选项。不过，它也可以用于桌面或服务器应用程序。在这种情况下，任何版本都可以发布到客户端。为了避免惹恼用户，应该注意不要发布太多的更新。此外，更新过程必须尽可能地简单，且不存在故障。当然，这需要对流程进行彻底的测试。
- 实现金丝雀发布的变体也是有可能的：大多数应用程序有高级用户，他们经常使用应用程序，并且乐于给出反馈。这些用户可以更频繁地获得新版本（例如通过自动化通道），可以请他们给出反馈。这使我们能够与一部分用户一起实现高频率的发布。这些用户能够指导产品的开发，并更早地体验新特性。

尝试和实验

选择一个你熟悉的项目。

- 它有可能回滚部署吗？
- 它的必要流程是否已经实现自动化？
- 是否测试过它的流程？
- 是否有成功回滚的案例？
- 用回滚来修复发行版本的问题是否现实？

- 能否采用蓝/绿部署?
- 如何提供必要的基础设施?
- 在切换到新版本时，如何处理数据库和第三方系统?
- 能否采用金丝雀发布?
- 如何处理数据库和第三方系统？它们必须同时支持两个软件版本。
- 在什么条件下能够采用持续部署?
- 是否需要修改架构？请参见第 11 章。
- 需要对持续交付流水线进行哪些改进?

7.9 小结

在技术层面上，使用持续交付将软件发布到生产环境的过程，只是再执行一次用于设置不同测试环境的过程。但是，由于生产环境中的风险更大，因此至少必须能够回滚到应用程序的稳定版本。然而，这个选项通常很难实现。因此，金丝雀发布和蓝/绿部署通常是较好的选择。持续部署是最根本的方法：每次变更主要以自动化的方式发布到生产环境。客户端计算机上的本地软件也可以实现这些方法，但在这种情况下需要克服一些障碍，而且如果有必要，必须降低执行该流程的频率，以避免用户不得不频繁地更新。本来，频繁发布是最小化风险的一种手段，而这两者是存在冲突的。

第 8 章

运　　维

8

8.1　概述

本章的重点是如何成功地在生产环境中运行应用程序。8.2 节将讨论运维中的挑战。日志文件是从生产环境得到反馈的重要来源。8.3 节将介绍如何使用日志文件来记录应用程序的相关信息并予以分析。8.4 节将借助示例应用程序演示如何分析日志文件。为此，使用了 ELK Stack 工具（ELK 代表 Elasticsearch、Logstash 和 Kibana）。Elasticsearch 存储源自日志文件的信息，Logstash 收集并解析这些信息，Kibana 提供分析界面。为了便于你自己做实验，我们还提供了配套的示例环境。该环境借助 Docker 和 Vagrant 以完全自动化的方式生成。当然，这个技术栈也有其他替代方案（参见 8.5 节）。8.6 节的主题是高级日志技术。

除了日志记录，监控也是获得运维反馈的一种方法，8.7 节的重点是记录数值指标。8.8 节将演示如何使用 Graphite 可视化指标。8.9 节将再次通过示例应用程序具体说明监控所起的作用。在该案例中，提供了一种基于 Docker 和 Vagrant 的 Graphite 安装。8.10 节将介绍其他监控解决方案。最后，8.11 节将介绍与运维应用程序相关的额外挑战。

案例：运维

在前言部分我们了解到，大财团在线商务公司在生产环境中发布版本时出现了问题：新客户的注册功能发生了故障。尽管它直接严重影响到了该应用程序在市场上的成功，但最初没有人注意到这个故障。本章所述的措施是为了更好地了解应用程序在实际使用过程中的情况，从而避免上述状况。

8.2　运维中的挑战

对于持续交付，重点不仅仅是在生产环境中安装软件。获得实际使用中的反馈同样重要。原则上，应用程序在实际使用中应该不会出现任何错误。然而，错误在所难免，想要在出错的情况下仍然能够进行干预，了解如何改进应用程序，来自生产环境的数据必不可少。因此，必须对应用程序予以监控。在此，需要处理以下各个方面的问题。

- 为基础设施（服务器、网络组件和其他硬件）提供监控。这对于识别技术问题（如停机或技术组件过载）很有必要，并且在需要时触发警报，使问题得以修复。这一领域是传统运维的重点。持续交付对传统监控几乎没有影响，在此不再进一步讨论这方面的内容。
- 应用程序还要提供技术问题和错误的相关数据。这让我们能够对应用程序的具体错误做出响应。这可以由专用的工具来实现，也可以将应用程序集成到用于运维的现有基础设施中。必须让这些工具能够显示和解析应用程序所提供的相关信息。
- 有时需要从业务视角关注发生了什么，所以应用程序还要提供与之相关的数据。用于技术问题的工具也可以处理此类信息，从而为应用程序的相关事件提供有趣的见解。然而，使用专业的工具来分析相应的主题可能更加明智，例如，分析用户点击了哪些链接。

最后，在实际使用的过程中进行监控，不仅可以记录和处理应用程序技术问题的有关信息，还可以获取业务数据。在这个领域中，持续交付和相关的工具非常有意思。因此，这一领域将是本章的重点。

通常，从应用程序导出业务数据，以业务的视角对其进行分析并不是什么新鲜事。例如，除了监控之外，还可以将数据导出到数据仓库进行分析。这些是专门用于大型数据的关系数据库，它们能够创建这些数据的相关统计信息。还有一些配套的前端工具，支持统计信息的创建和分析。大数据是一个类似的方法：这是对同样可以处理大型数据的相对较新的技术的统称，比如 NoSQL 数据库。它们不基于关系模型，因此实现了高性价比的可扩展性：可以使用多个较小规格的廉价服务器代替大型服务器。针对于此的技术术语是水平可扩展性。8.3 节将介绍用于保存和分析日志文件的 Elasticsearch。虽然 Elasticsearch 是搜索引擎，但它与 NoSQL 数据库一样可以水平扩展，并且除了保存搜索索引外，还可以保存原始数据。

然而，上述工具背后的策略不同于本章介绍的工具所使用的策略。它们主要基于从数据库导出的数据。为此，使用了提取转换加载工具（ETL 工具）。从应用程序中提取数据，并将其转换为适合后续分析的数据结构。在这个过程中，可能需要汇总数据，也许单个客户的销量并不重要，但是某些区域或产品每日汇总的销量很重要。最后，将这些信息加载到数据库中进行分析。

本章介绍的监控和日志记录工具有许多替代方法，这些方法对于业务数据及其分析特别有用。但是，本章将从运维视角介绍记录数据的工具，当然，这些工具也可以用于记录业务数据。

8.3 日志文件

日志文件是一种非常简单的记录应用程序信息的方法，乍一看并不会让人留下深刻的印象。这些信息被写入文件中，并附上时间戳之类的附加信息。这种做法有许多优点。

- 日志文件的写入非常简单，每种技术都可以实现日志文件的写入。对于大多数语言来说，已有大量的类库可供选择，可以很方便地处理日志文件。

- 无须付出很大的工作量即可持久保存这些数据。
- 由于只需要把信息添加到日志文件中，因此它们的写入会非常快，这符合“添加”是最有效的文件操作这一事实。
- 日志文件甚至还可以处理大量信息，例如采用日志文件转储：如果日志文件的大小超过了某个阈值，就会创建一个新文件，用于写入新的日志信息。一段时间后，可以压缩或者删除这些数据。
- 文件的分析和检索也很容易。Grep 之类的工具可以从文件中过滤相关信息。可以快速编写脚本来提取必要的信息，从而一步一步分析应用程序。
- 我们可以很容易地解读日志信息。其实，会使用一些非常简单的工具，所以可以毫不费力地分析日志信息。然而，这也意味着日志文件中的信息是由人来解读的，因此，它应该尽可能容易理解。当有问题导致生产环境在夜间出现故障时，不能指望该问题的责任人有充足的时间和精力来厘清复杂的信息和关系。
- 日志文件与具体的技术无关。当应用程序写入日志时，可以使用许多不同的技术分析这些文件中的信息，而不必依赖于特定的监控解决方案。

8.3.1　应该记录什么

有许多类型的信息可以写入日志文件，然而，这些信息的重要程度却大相径庭。因此，在常见的日志系统中，都会为信息提供不同的保存级别。这样可以对某些信息加以过滤，使它们不会出现在日志文件中。如此，就可以最小化生产系统中的数据量及其对性能的影响，而在测试系统中，可以保留所有必要的信息，以立即识别和消除问题。

这些级别大概划分为：用于表述问题的 Error、用于表述信息的 Info 和用于向开发人员呈现详细信息的 Debug。如果将日志系统的日志输出级别配置为“Info”，那么优先级更高的数据（例如“Error”级）也将被写入文件。

使用日志级别的经验法则如下。

- 如果发生错误，必须将其记录在日志文件中。理想情况下，该条目必须包含分析错误所需的所有详细信息。错误应该以类似 Error 的日志级别予以保存。这个日志级别要保留给真正的错误，在正常运行的系统中，不应该在日志文件中出现这种类型的条目信息。这确保了 Error 类型的日志条目能引起足够的重视。如果实际没有出现错误，却时常记录 Error 级别的事件，那么将来真正出现错误时，就没有人会注意到是否记录了 Error 级别的日志，致使错误得不到快速修复。而且，在每个环境中，这个级别的信息都必须保存在日志文件中，这样错误才不会被忽略。处理好错误日志的记录非常关键，只有把每个错误都记录下来，并且保存与错误场景相关的足够信息，才有机会在生产环境中发现错误并迅速消除。最后要清楚一点，不可能使用调试器或其他工具来分析生产环境中的错误——即使有可能，也必须首先重现这个错误。

- 日志文件还可以用于在应用程序正常运行期间生成统计数据。你可以统计类似 Info 日志级别的相关条目，它只包含成功执行过的业务流程的相关信息。如果打算稍后对这些信息进行评估，那么生产系统就必须将这些信息写入日志文件。
- 最后应注意，虽然可以将像 Debug 日志级别的详细信息写入日志文件，以方便识别错误，但是，应该只在错误调查期间启用这一日志级别，并且在理想情况下，只在该系统所调查的那一部分中开启。因此，该日志级别通常在生产系统中是停用的。

通过这种方式，日志文件可以很容易被用于错误的调查和监控。

你还可以为每类日志消息提供明确的编码，从而更容易跟踪日志消息的来源。此外，还可以将其他信息（例如修复错误的措施）保存到手册或其他文档（如 Wiki）的每个编码条目中，或者通知某几名员工。某些适当的工具也可以自动化这些措施。

然而，当使用大量服务器时，评估日志文件就不再那么简单了，因为这些信息分散到了不同的服务器上。但是，仍然必须以有序的方式来访问它们。此外，用于分析日志文件的简易工具在一定数据量上就会达到它们的极限。在某种程度上，像 Grep 这样仅仅从头到尾地读取数据，然后再搜索信息已经不够了。

8.3.2 处理日志文件的工具

幸而，有专门针对此类挑战设计的工具。本质上，它们需要处理几个不同的任务。

- 从不同的日志文件中收集数据，这些日志文件可以存储在网络中的不同服务器上。
- 解析这些文件：日志文件包含服务器名称、日志级别或写入日志的组件等信息。当需要检索数据时，除了全文检索之外，还应该可以检索特定字段。
- 以能够有效执行搜索的方式保存适当处理过的日志信息，还必须做到存储和搜索大数据量的数据。
- 最后，需要有一种分析数据的方法，以识别错误或分析用户行为。

Elasticsearch、Logstash 和 Kibana 可作为混合搭配的工具。

- Elasticsearch 能存储数据并提供分析。Elasticsearch 不仅可以用全文检索来检索数据，还可以在结构化数据中检索，并像数据库一样永久存储数据。最后，Elasticsearch 还提供了统计功能，可以分析数据。作为搜索引擎，Elasticsearch 针对缩短响应时间进行了优化，几乎可以做到交互式地分析数据。
- Logstash 从网络中的服务器收集日志文件并进行解析。Logstash 是一款非常强大的工具。它可以从输入读取数据，对该数据加以修改或过滤，最后将其写入输出。除了在 Elasticsearch 中读取和保存日志文件之外，它还支持其他输入和输出。例如，可以读取或写入来自消息队列或数据库的数据。最后，它还可以解析或补充数据，例如，向每个日志条目添加时间戳，或者删除单个字段并做进一步的处理。

- Kibana 是一款用于分析 Elasticsearch 数据的 Web 应用程序。除了简单的查询，还可以进行统计分析。

这些工具组合起来称为 ELK（Elasticsearch、Logstash、Kibana）Stack，如图 8-1 所示。

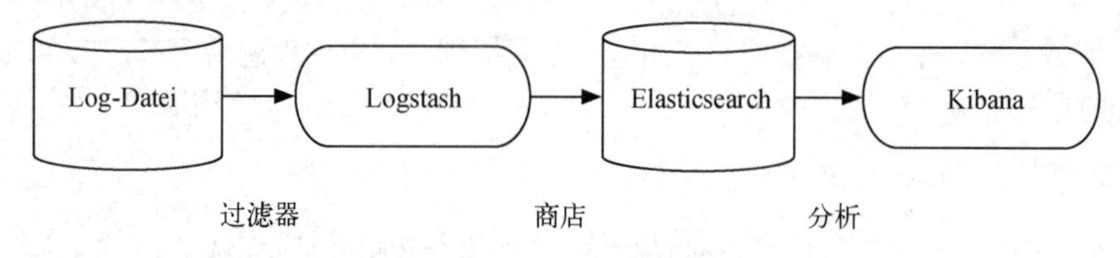

图 8-1　使用 ELK Stack 处理日志

8.3.3　示例应用程序中的日志记录

首先，必须修改示例应用程序的代码，将必要的信息最终记录在日志文件中。针对 Java，有各种日志类库，本例使用的 API 是 Apache Commons Logging。在幕后用 Logback 写入文件。

该应用程序将两类信息写入日志文件。

- 如果出错了，则必须在日志文件中以 Error 日志级别记录问题相关的必要信息。这并不需要在应用程序中做任何修改：当出现错误时，会抛出异常——自动抛出，或者由写好的代码触发。基础设施自动负责被记录的异常。这并不适用于被成功捕获并处理的异常——然而，这些异常并不代表实际的错误，而是程序中正常的事件序列。这些异常被捕获，因此相应的错误得到了处理。
- 所有具有 Info 日志级别的业务流程信息都将被记录下来，比如，用户注册成功。最重要的关注点也必须记录下来，例如，当用户的电子邮件地址无效或已经用于注册时。利用这些日志条目，可以生成与注册数量相关的统计信息。此外，还可以在稍后检查用户是否尝试注册，以及未能成功注册的原因。这使得我们可以更严密地检查错误。例如，在回答支持团队提出的问题时，可以更详细地调查实际发生了什么。
- 还可以使用类似于 Debug 的日志级别将日志消息写入日志文件。但是，这只有在寻找特定的错误时才有意义。由于本示例应用程序不适合这种情况，因此其代码依然保持原样，未做这样的输出。

有了这些信息，就可以分析应用程序中的错误了。此外，还可以借助这些日志文件，评估执行了哪些业务流程，以及执行频率有多高。另外，分析日志文件的一些解决方案可以自动提取键–值对。例如，在日志输出中出现字符串 `firstname="Eberhard"`时，将对其进行解析和解读。值为 `Eberhard` 的 `firstname` 变量被添加到日志条目中。这样，很容易就可以过滤出某一用户名的所有相关条目了。

8.4　示例应用程序的日志分析

在本示例应用程序中，还可以分析日志文件。这由 Docker 容器组成的系统完成，每个容器中安装了一部分基础设施。

图 8-2 展示了该示例实用程序具体的日志设置。

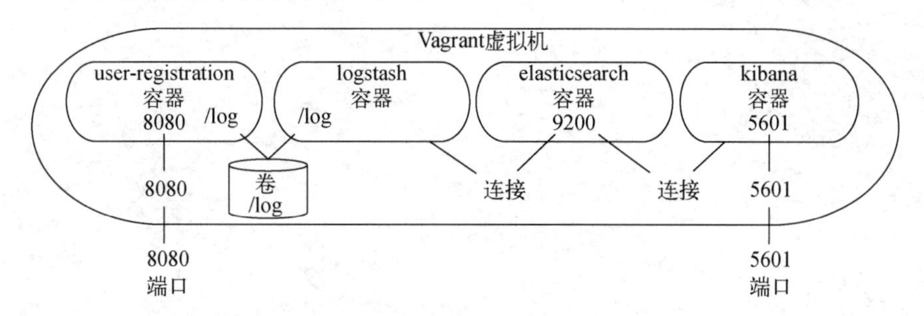

图 8-2　示例应用程序的日志设置

- 该应用程序安装在 user-registration 容器中。通过 8080 端口可以访问该应用的 Web 用户界面，该端口被映射到 Vagrant 虚拟机的 8080 端口和主机的 8080 端口。因此，可以通过 http://localhost:8080/访问该应用程序。该应用程序将日志文件写入/log 目录，这个目录映射到一个数据卷。
- 这个数据卷同样由 logstash 容器挂载。该容器解析存储在这个数据卷中的文件，并将结果保存到 Elasticsearch 中。为此，logstash 容器使用一个连接到 elasticsearch 容器的连接，使这两个容器之间可以通过共享端口进行通信。
- kibana 容器提供了一台带有 Node.js 应用程序的 Web 服务器，用于向浏览器传送 HTML 和 JavaScript。该 Web 服务器运行在 kibana 容器的 5601 端口下，这个端口同样被映射到 Vagrant 虚拟机和主机。通过容器之间的连接访问存储在 Elasticsearch 服务器中的数据。

因此，该设置以单独的 Docker 容器为组件，通过端口或共享文件系统进行通信，正如第 3 章所述。

代码清单 8-1　Logstash 配置

```
input {
  file {
    path => ["/log/spring.log"]
    start_position => beginning
  }
}

filter {
  multiline {
    pattern => "((^\s*)[a-z\$\.A-Z\.]*Exception.+)|((^\s*)at .+)"
    what => "previous"
```

```
    }
    grok {
      match => [ "message",
        "^(?<date>[0-9]{4}\-[0-9]{2}\-[0-9]{2})
         %{TIME:time}
         (?:\s*)
         (?<level>[A-Z]+)
         %{NUMBER:pid}
         (?:\-\-\-)
         (?<thread>\[.*\])
         (?<class>[0-9a-z\$A-Z\[\]/\.]*)
         (?:\s*:\s)
         (?<logmessage>(.|\s)+)"]
    }
    kv {}
  }

  output {
    elasticsearch {
      hosts => ["elasticsearch"]
    }
  }
```

在这个系统中，Logstash（代码清单 8-1）的配置特别有意思。Logstash 使用了一条流水线：从输入读取数据，然后过滤，最后写入输出。`input` 定义了 Logstash 应该按照指定的路径从文件的起始部分读取日志文件。`filter` 部分中的 `multiline` 项负责将分布在多行中的条目汇总为一条信息。对于 Java 异常这很有必要：它们包含错误发生位置的相关信息，而这些信息分布在多个行中。因此，该项包含一段正则表达式，它匹配以 Java 异常名称或以字符串 `at.`开头的行。`grok` 过滤器从 `message` 字段中将日志消息剪切到不同的字段中，每个字段必须对应一个正则条件。

图 8-3 精确地展示了日志行是如何处理的：首先，将日期保存在 date 字段中，将时间保存在 time 字段中。然后将日志级别存储在 level 中，进程 ID 存储在 pid 中，当前线程的名称存储在 thread 中，生成该日志消息的 Java 类存储在 class 中。最后一个字段是 logmessage，保存源于日志消息的实际信息。

图 8-3　日志消息处理示例

最后一个过滤器是 kv，它是 key value 的缩写。当日志消息包含诸如 email=eberhard.wolff@gmail.com 这样的字样时（参见图 8-3），将创建一个名为 email 的字段，其值为 `eberhard.wolff@gmail.com`。这为针对特定用户搜索日志消息提供了极大的便利。

在 Logstash 的配置中，最后一项是 output，它定义了数据应该输出到 Elasticsearch 中，特别是索引日志中。Logstash 由这些字段生成一个 JSON 文档，因为 Elasticsearch 支持这种格式。

Elasticsearch 可以搜索任意字段的任意值，还可以生成统计信息。

名为 elasticsearch 的主机被定义为 Elasticsearch 服务器。Docker 连接确保通过这个名称可以访问安装有 Elasticsearch 的 Docker 容器。

8.4.1　用 Kibana 做分析

借助 Kibana，用户可以直接在浏览器中分析从 Elasticsearch 中收集到的数据。在 Kibana 的用户界面中有各种选项卡。排在第一个位置的 Discover 选项卡非常有用。这个选项卡中会显示所有字段，让用户可以率先看到所有的消息，而后进行解读。然后，用户可以判断这些值的分布，限制输出为指定的字段，或者过滤输出，只显示具有特定值的日志消息。图 8-4 是 Kibana 用户界面的屏幕截图。在此界面的左下部分，可以看到不同日志级别的分布情况。

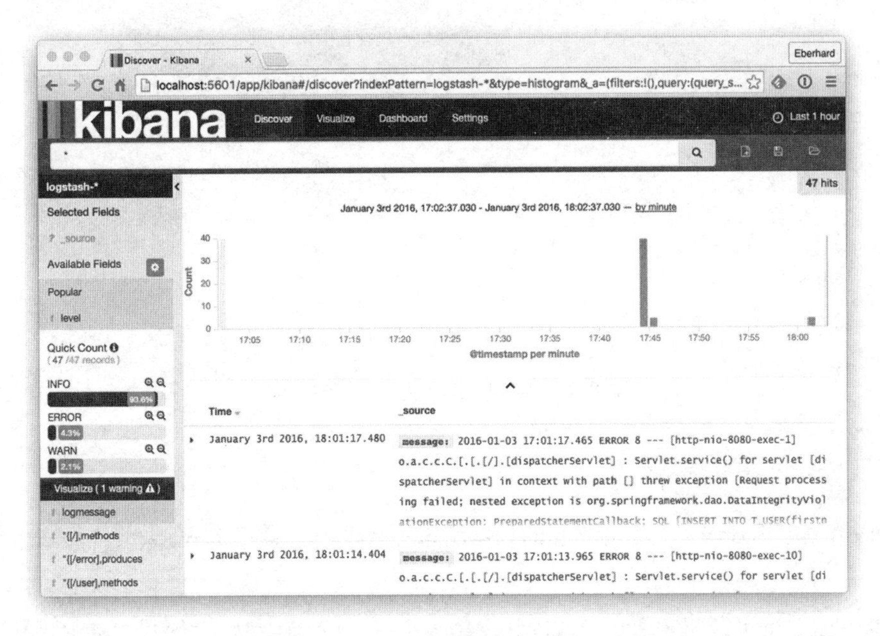

图 8-4　使用 Kibana 分析数据

此外，它还可以进行图形化分析，例如，基于注册电子邮件地址的字段进行分析（如图 8-5 所示）。Elasticsearch 和 Kibana 不仅可以搜索数据，还可以做很多其他的事情，比如生成统计数据。Elasticsearch 为加快响应时间进行了优化，从而可以非常快速地执行分析。

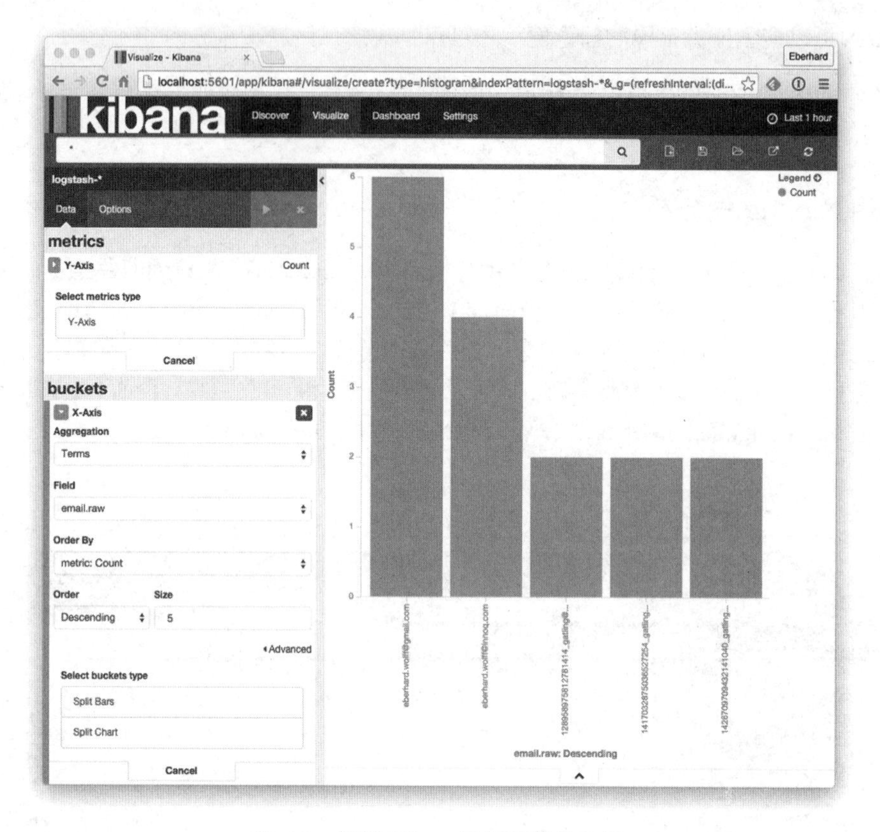

图 8-5 使用 Kibana 进行图形化分析

8.4.2 ELK——可扩展性

对于该示例应用程序，其不断累积的数据量并不难管理。而 ELK Stack 的优势之一是其易于扩展。

- Elasticsearch 可以将索引划分成碎片，每个条目都被分配给一个碎片。由于碎片可以存储在不同的服务器上，因此可以做到分布式负载。碎片也可以跨多个服务器复制副本，以确保故障安全性。此外，因为可以针对数据的任意副本进行读取，所以也可以通过副本来扩展读取。
- 如果未做任何额外配置，Logstash 会将每天的数据写入另一个索引中。由于通常会更频繁地读取当前数据，这可以减少搜索典型请求所需的数据量，从而提高性能。此外，也存在将数据分布到索引的其他选择，例如，按照用户的来源。
- 使用当前的配置，Logstash 不得不解析每一行日志。如果应用程序将日志信息作为 JSON 文档发送，那么效率会更高，因为可以彻底避免解析。在大数据量的情况下，这将显著减少 Logstash 的负载。

- 最后，Logstash是可扩展的。在本文介绍的配置中，Logstash接管了各种功能，收集来自服务器的数据，然后进行解析。为了实现可扩展性，这些功能被分隔开，以不同的技术执行。数据由Shipper读取，在Broker中缓冲，然后使用Logstash进行处理。这让我们可以在真正的应用程序之外的服务器上安装Logstash。因此，应用服务器可从CPU密集型的日志信息过滤和处理中解脱出来。如果积累了太多无法立即处理的日志消息，则由Broker充当缓冲区。Redis是一款快速的内存数据库，通常作为Broker使用。Logstash可以充当Shipper，它将简单地接管来自本地文件的日志并将其写入Broker。这是可行的，因为Logstash可以连接许多不同的数据源和数据接收器。*The Logstash Book*这本书详细讨论了如何设置和扩展复杂的Logstash。
- 其他选项还有Filebeat、Beaver和Woodchuck，它们提供了专门的Shipper。通常首选是Filebeat，因为它由Elastic公司提供支持，该公司一直是ELK Stack的坚实后盾。此外，也可以使用syslog之类的标准UNIX工具。

尝试和实验

克隆示例项目（https://github.com/ewolff/user-registration-v2）。在Git命令行工具（http://git-scm.com/）中需要执行以下命令：`git clone https://github.com/ewolff/user-registration-v2.git`。

- 可以在log-analysis子目录中找到使用ELK Stack进行日志文件分析的一套环境。
- 安装Vagrant（http://www.vagrantup.com/downloads.html）。
- 你可以使用`vagrant up`启动这套环境。
- 访问以下网址：
  - http://localhost:8080/（该应用程序的URL）
  - http://localhost:5601/（使用Kibana的URL）
- 与这款应用程序进行一些交互，或者，修改负载或验收测试，使其能够与该应用程序通信，而不是单纯地启动它。然后使用负载测试为该应用程序创建负载。
  - 提示：如果输入一个非常长的名字（超过30个字符），该应用程序将发生错误。
- 在http://localhost:5601/下打开Kibana主页。
- 你必须在这里配置索引。
  - 接受默认的logstash-*作为“索引名或模式”。
  - “Time字段名”应该为“@timestamp”。
- 在Kibana的discovery选项卡中查看分析。
  - 可以在右上角设置用户界面中显示日志消息的时间周期，默认值是15分钟，如果需要，可以修改此值。
  - 可以在左侧选择一个字段，然后系统将显示该字段的所有值。

8

- 点击其中一个值旁边的放大镜，这样可以激活一个过滤器。
- 搜索某些条目，只需要在网站顶部的输入框中输入关键词即可。
- 查找错误（级别为 Error）。要查找错误，需要在适当条目下先制造一些错误（例如使用超过 30 个字符的名字）。

在 https://www.elastic.co/guide/en/kibana/4.3/getting-started.html 中可以找到更多的选项。例如，你可以在 Visualize 选项卡中创建图形化分析，或在 Dashboard 选项卡中创建仪表盘。

- 目前的设置是把日志数据写入一个文件，Logstash 解析这些数据并将它们发送给 Elasticsearch。为了方便 Logstash 的工作，可以将数据直接以 JSON 格式交付。
- 在 https://docs.spring.io/spring-boot/docs/current/reference/html/boot-features-logging.html 中可以找到更改日志配置的说明信息。
- 为此，必须在该应用程序中的 src/main/resource 目录下创建一个 logback-spring.xml 文件。
- 之后，可以使用 JSON 编码器，具体请参见 https://github.com/logstash/logstash-logback-encoder。数据应该仍然写入这个文件中，因此，只需要为 LogstashAccessEncoder 提供一个编码器入口，请参考 https://github.com/logstash/logstash-logback-encoder#encoder。
- 最后，必须修改一下 Logstash 的配置，使其不再解析这个数据。
- 这些日志数据最终只需要在 ELK Stack 中进行分析。将这些数据再保存到文件中已经没有意义。可以更改设置，直接通过网络发送这些数据。若要如此，你可以扩展 JSON 设置，使 Logstash 能够按照 TCP 协议通过网络直接接收信息，具体可参见 https://github.com/logstash/logstash-logback-encoder#tcp。
- 修改这个设置，使 Logstash 将该应用程序中的信息写入代理 Redis 并从中加以过滤和分析。这项任务很麻烦，需要安装额外的 Docker 容器。
- 创建一个安装有 Redis 的新镜像和新容器。
  - 提示：可以使用一个名为 redis-server 的 Ubuntu 包。
- 修改其中的 Logstash 配置，使其只读取日志文件并将其传输到 Redis。
- 生成一套新的 Logstash 环境，它从 Redis 读取和解析数据，并将其写入 Elasticsearch 中。这需要一个新的 Docker 容器。
- 使用 Docker Compose 代替 Vagrant，以启动这套 ELK 环境。在 docker-composition.yml 文件中可以找到相应的配置。可以在 2.5.7 节中找到如何使用 Docker Compose 的相关小知识。

8.5 用于日志的其他技术

当然，ELK Stack 不是分析日志文件的唯一选择。Graylog 也是一个开源解决方案，它同样使用 Elasticsearch 保存日志文件。此外，它将 MongoDB 用于元数据。然而，Graylog 为日志消息定义了自己的格式：GELF（Graylog 扩展日志格式），它还标准化了传输的数据。针对 GELF 的扩展可用于许多日志类库和编程语言。另外，它可以从不同的日志数据中提取相应的信息，也可以使用 Unix 工具 syslog 收集这些信息。Logstash 也支持将 GELF 作为输入和输出格式。Graylog2 有一个 Web 接口，可以通过此接口分析日志中的信息。

Splunk 是一个商业解决方案，已经面市很长时间了。它可以通过许多插件进行扩展。还有一些应用程序可以为某些基础设施（比如 Microsoft Windows Server）提供立即可用的解决方案。该软件不一定要安装在你自己的数据中心，也可以作为云解决方案来使用。Splunk 的目标是成为一种不仅可以分析日志文件，而且能分析机器数据的解决方案。与此同时，还有一个名为 Splunk Hunk 的版本，它可以集成到 Hadoop 大数据平台中。对于日志的处理，Splunk 可以首先使用 forwarder 记录数据，然后为它们提供一个用于检索的 indexer。接着，search head 接管检索请求的处理。它的目标是成为一个企业级解决方案，其安全理念着重突出了这一点：在出现某些问题时进行分析并发出警报。

为了免于安装分析日志文件的基础设施，还可以使用云服务。此类解决方案提供了立即可用的分析和数据存储，扩展和安装都不是问题。但是，日志必须被发送到云上，当然，这需要带宽。此外，这种解决方案不适合某些应用程序，例如，当存在数据安全问题时。

对于已经介绍过的解决方案，除了 Splunk Cloud，还有其他可能的替代方案。

- Loggly 相当简单，无须做太多工作就可以对日志进行分析。
- Sumo Logic 有很多特点。它能够独立地识别异常。由于其安全特性，它更适合在企业领域使用。
- Papertrail 相对而言也非常简单，它主要用于对多个日志进行合并和分析。其用户界面是基于文本的。Papertrail 并未把主要精力放在复杂的应用上，但是检索当然没有问题。

大多数产品可以免费试用，所以能免费用于实验。可以以示例应用程序为基础进行实验。

8.10 节中介绍的一些监控解决方案也可以处理日志文件，尤其是商业解决方案，更不在话下。

8.6　高级日志技术

在日志领域，有许多可用的工具和方法。示例应用程序使用了 Java 类库来写入日志文件。至少在 Linux 中，通常是使用一个类似于 syslog-ng 的服务作为中央日志系统，它可以接收不同来源的信息并将其写入日志文件。这使得公共的日志基础设施可用于所有的应用程序。

8.6.1　匿名化

在处理日志记录时，还有一个问题是数据的安全性，这一点对生产环境尤为重要。生产数据通常包含个人数据，这些数据必须予以保护，因此不能被简单地发送给开发人员。在进行分析之前，这些数据必须进行匿名。为此，Logstash 提供了一个名为 anonymize 的过滤器，它利用了散列。散列具有确定性，也就是说，当给定的散列值作为用户名出现在日志中时，它总是对应于同一个用户名。然而，无法通过散列值判断用户名。

8.6.2 性能

大多数系统会使用大量的服务器和不同的应用程序来实现必需的功能。要分析这样一个系统的性能，必须检查不同服务器上相关的处理步骤。为此，可以为每个请求使用一个明确的字符串，在每个日志消息中传递这个字符串。如果在一台中央服务器上收集了这些日志消息，并且能检索到具有相同值的所有请求，那么就可以核对哪些系统组件用了多少时间来处理这些请求。现在，有一些像 Zipkin 这样的专用解决方案，它们不仅支持数据的收集，而且支持数据的提取和显示。

8.6.3 时间

在记录期间，各个计算机上的时钟不同步常常也是个问题。这给精确分析关系带来了困难。Logstash 为每个条目提供了一个时间戳。因此，如果 Logstash 的服务器上的时钟都同步运行，就可以避免不同步的问题。

8.6.4 运维数据库

越来越多的数据最终记录到诸如 Elasticsearch 之类的中央存储中。这使得我们可以收集配置设置、性能数据，或者批处理过程的启动时间、停止时间和统计数据。当然，也可以收集和保存源自监控的数据。这将促使我们创建一个包含该应用程序所有相关信息的运维数据库。以后，就可以对这个数据库中的数据加以利用了，比如用来规划容量，或者为优化提供建议（识别容易出错的区域或性能瓶颈）。因此，这个数据库可以成为反馈的重要来源，持续交付尤其依赖于它，将其作为软件优化的基础。

8.7 监控

除了分析日志文件之外，应用程序的度量指标也很重要。依靠数值化，这些指标可以清楚地反映应用程序的当前状态以及随着时间的推移有着怎样的变化。这让我们能够及早发现问题，例如，硬盘驱动器的可用存储空间减少了。此时，可以触发一个警报，在问题变得火烧眉毛之前就把它解决掉，例如，删除一些文件。因此，度量指标是系统和应用程序监控的基本构成。每个运维团队都会有一个已经部署好的解决方案，以满足这个领域的需求。

必须通过外部进程来进行监控。只有外部进程才能确定生产进程是否停止了，而且如果真的停机了仍然可以触发警报。此外，当生产进程在高负载下运行时，这也是保证监控仍然可用的唯一方法。在这种情况下，如果由生产进程进行监控，将无法再做出反应。

在持续交付的上下文中，监控和指标与日志文件的分析一样重要。它们提供来自于应用程序的反馈，从而影响应用程序进一步的发展。例如，这些技术不仅让我们可以收集技术数据，而且可以收集有关销售收入的数据，并将它们与技术指标相结合。如果销售收入突然下跌，这可能是应用程序中的问题造成的，那么，它们的相关性就显而易见了。因此，重点不仅是技术数据，还有具有业务价值的数据。最终，软件应该支持业务流程。根据应用程序实现的业务价值来度量应用程序才是合乎逻辑的做法。例如，如果系统在技术层面上运转正常，却没有带来任何销量，那么就应该在监控中突显出来，并且触发警报，最终在业务视角看来，这完完全全是系统故障。

8.8 Graphite 指标

大多数 IT 环境已经有监控系统了，所有服务器都集成到该系统中，即使在夜间，该系统也能够将问题通知到管理员。因此，新的应用程序大多必须集成到现有的监控系统中。为了整理一些使用监控工具的经验和认识，本节将介绍 Graphite。它是一种处理指标的工具，描述了一个完整的解决方案。

- Graphite 只存储数值数据。这种数据类型的限制是可以接受的：典型的监控数据都可以用数值来表示，比如利用率和响应时间。
- Graphite 专门用于处理时间序列，因为生产数据往往只与它们随时间的发展相关。
- 这些数据可以通过 Web 应用程序来展示，使用户可以非常简单地进行分析。

Graphite 由三部分组成。

- Carbon 接收数据并将其缓存在内部缓存中。
- Whisper 是一个简单的针对时间序列的数据库。它只包含按照某个时间间隔获取的数据，因为某个时间点上的旧数据与监控无关。
- 最后是 Graphite Web 应用程序，它使用户可以访问这些收集到的数据。

图 8-6 展示了 Graphite Web 应用程序的用户界面示例。除了响应时间之外，还显示了访问示例应用程序中特定 URL 的请求数量。因此，不仅可以以传统的运维视角来监控这个应用程序，还可以评估其行为。

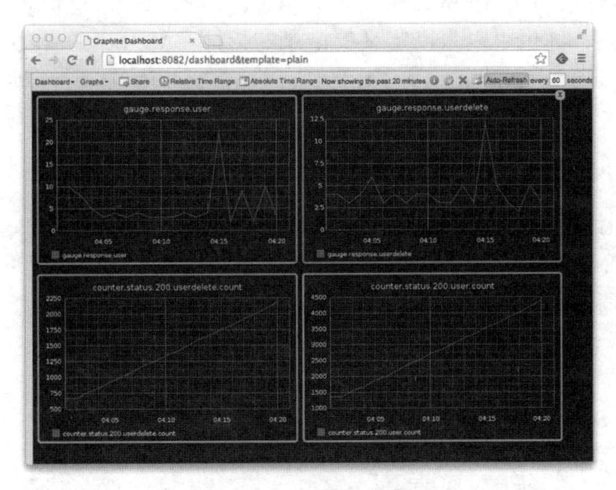

图 8-6 Graphite 仪表盘

在仪表盘中可以区分两种数据类型。

- 数值随时间变化的计量器。因此，可以断定平均值。如图 8-6 中上面两张图显示的访问次数。
- 可以增加或减少的计数器。如图 8-6 中的下面两张图，它用于表示访问删除用户和显示用户这两个 URL 的次数。

向 Graphite 报告数据非常简单：只需传递指标名称、数值和时间戳，但必须通过网络套接字传递。

在生产环境中，还可以将其他工具作为 Graphite 的有益补充。

- StatsD 可以收集数值，并将它们传递给 Graphite。这使我们能够先把数据量降下来，再将数据移交给 Graphite，从而减轻 Graphite 本身的负担。
- Grafana 通过一些可选的仪表盘和其他图形化元素对 Graphite 进行了扩展。
- collectd 收集系统的相关统计信息，比如 CPU 利用率。这些数据可以用特有的前端进行分析，也可以存储在 Graphite 中。
- Seyren 通过触发警报的功能对 Graphite 进行了扩展。

特别是对于监控，有许多解决方案。以上这份列表只是一个大概的参考。从业务视角来看，合理使用监控也很重要。因此，应该首先定义并记录决定性的指标，例如，当进行 A/B 测试以确定两个备选方案中哪个更好的时候。

8.9　示例应用程序中的指标

在示例应用程序中，记录指标的是 Metrics。这是一个用于记录指标的 Java 类库。如果不进行任何额外的代码修改，它首先测量的是 HTTP 请求。这使我们可以记录某个 URL 被调用的频率和所需的时间。当然，你也可以自己定义要记录的指标。Metrics 扩展了对 Graphite 的支持，因此可以将数值直接传递给 Graphite，用户可以在 Graphite 里对其进行评估。

示例的结构

针对 Graphite，同样有一个安装在三个 Docker 容器中的示例。在这个过程中，会覆盖 Docker 安装的一些文件。图 8-7 以一张概览图展示了这个环境结构。示例应用程序在它自己的容器中运行。该应用程序可以通过 8083 端口访问。

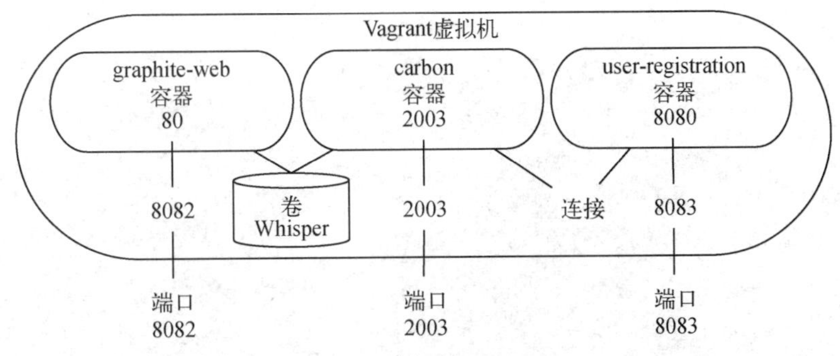

图 8-7 Graphite 环境结构

Carbon 负责接受监控数据，在另一个容器中运行。为了将数据传输到 Carbon，使用了 2003 端口。这个端口是通过该应用程序容器之间的一个连接提供和暴露的。因此，主机也可以把数据交给 Graphite 负责。于是，这个 Graphite 环境很容易就能够在其他上下文中复用。Carbon 也可以进行扩展，数据存储可以分布到多个服务器，如此甚至可以处理非常大的数据量。在 Carbon 内部使用 Whisper 保存数据，并将其写入卷中。

可以在主机上通过 http://localhost:8082/访问这款 Graphite Web 应用程序。它从数据卷中读取数据，也就是 Carbon 容器写入的数据，并提供数据供分析使用。

尝试和实验

看看你熟悉的一个项目。

- 使用了哪种工具进行监控？
- 应用程序将哪些信息传送给了监控？
- 是只记录技术信息，还是也记录业务信息？
- 当重要的业务功能（例如客户账户的收费）出现故障时，监控能识别出这个问题吗？例如，什么时候会注意到系统没有再带来任何销量？
- 克隆示例项目（https://github.com/ewolff/user-registration-V2）。在 Git 命令行工具(http://git-scm.com/）中需要执行以下命令：`git clone https://github.com/ewolff/user-registration-V2`。
- 在 graphite 子目录中可以找到使用 Graphite 进行监控的环境。
- 安装 Vagrant（http://www.vagrantup.com/downloads.html）。
- 可以使用 `vagrant up` 启动这个环境。
- 访问以下网址：
  - http://localhost:8083/（该应用程序的 URL）
  - http://localhost:8082/（使用 Graphite 的 URL）
- 与应用程序进行一些交互。或者，修改负载或验收测试，使其能够与应用程序通信，而不是单纯地启动它。然后使用负载测试为该应用程序创建负载。

- 用 Graphite 生成一个仪表盘，如图 8-6 所示。
- 了解连接和端口访问是如何在 Docker 配置中实现的。
- Graphite 的安装需要修改 Graphite 安装环境中的一些文件。这是如何实现的？与 Chef 模板方法相比，这种做法有哪些优点和缺点？
- 将其他组件，比如 StatsD，补充到这个环境中。
- 可以从示例项目中读取哪些附加信息？注册数量是有意义的信息吗？
- 修改代码，将注册数量保存到 Graphite 中。由于该应用程序使用的是 Spring Boot，因此这只需要很少的工作量。
- 使用 Docker Compose 代替 Vagrant，以启动这个 Graphite 环境。在 docker-composition.yml 文件中可以找到相应的配置。在 2.5.7 节中可以找到如何使用 Docker Compose 的相关小知识。

8.10 其他监控解决方案

Graphite 并不是监控应用程序和 IT 环境的唯一解决方案。

- Nagios 是可以替代 Graphite 的一种全面的监控解决方案。
- Incinga 最初是 Nagios 的一个分支，如今已经被重写。然而，它面向的仍然是一个非常相似的上下文。
- 还有各种商业解决方案，如 HP Operations Manager、IBM Tivoli、CA Opscenter 和 BMC Remedy。这些工具都非常全面，而且已经面市很长时间，支持许多软件和硬件产品。此类平台通常都是企业级的引入，而且这样的引入实际上是非常复杂的项目。为了符合企业标准，应用程序必须集成到解决方案中。其中一些解决方案还可以分析和监控日志文件。
- Riemann 是一款开源工具，它基于事件流的处理。为此，它使用函数式编程逻辑来定义响应特定事件的逻辑。也可以为此配置一个仪表盘，或者通过 SMS 或电子邮件发送消息。
- 监控也可以转至云端，这样就不需要安装一套全面的基础设施了。这有助于引入工具和监控应用程序，比如 NewRelic。
- TICK Stack 是一个用于监控的完整的开源栈，它基于的是 InfluxDB。这款时序数据库就像 Whisper 一样，专门用于保存与时间相关的数据，并且可以结合 Grafana 或 Graphite 来使用。隶属于该栈的其他工具包括：用于收集数据的 Telegraf、用于可视化的 Chronograf，以及用于预警和自动搜索异常的 Kapacitor。
- Packetbeat 使用 ELK Stack Elasticsearch 保存数据，用 Kibana 进行分析。这使我们可以相对容易地将它与 ELK Stack 结合使用。Packetbeat 监控网络流量，但也可以检查网络数据包的内容，从而提供一些特定的相关信息，比如特定的 SQL 请求。这种方法对于分布式应用程序特别有用，因为它有助于获得对整个系统的概览和精确分析。

8.11 运维应用程序时的额外挑战

在运维一款应用程序时，不仅需要记录日志和监控，还要做变更的审计。对于持续交付来说，这个主题尤为重要，因为理论上只有通过变更脚本才能改动生产环境。有了版本控制，就可以追溯这些变更，清楚地掌握谁执行了哪些变更。因此，可以通过版本控制轻松地对生产环境的改动进行审计。

此外，不再需要直接访问服务器：可以通过日志文件和指标获得生产环境中的信息。这种新版本的部署可以通过自动化的流程来完成。这有一些不同的优点：例如，由于没有人（包括黑客）能够登录服务器，因此对安全性会有好处。除了运维人员之外，开发人员也可以直接从生产环境中读取信息，例如通过 ELK Stack 这样的系统。这提升了分析和修复错误的速度。

8.11.1 脚本

在运维一款应用程序时，可能需要更改配置或以其他方式与该应用程序进行交互。这样的运维操作应该都可以自动化。如果需要对应用程序进行手动更改，会产生更高的开销，并可能导致错误。如果流程实现了自动化，无须太多的工作量就可以精确地重现这些操作，这正是持续交付的目标。然而，要实现这一点，必须能够通过脚本自动化一些干预措施。虽然用于手动干预的管理员用户界面很有帮助，但如果可以通过一个脚本化的接口来提供干预，会有更好的效果。

8.11.2 客户数据中心内的应用程序

前文介绍过的各种方法适用于针对内部应用程序的运维进行优化。但是在许多情况下，应用程序都安装在客户端，例如在客户自己的数据中心或移动设备上。这使得新版本的发布和监控变得更加困难。不过，下面介绍的原则也可以用于这种情况。

8

- 新版本的安装应该是自动化的。由于应用商店提供此类功能，移动应用程序基本已经实现了自动安装。安装在客户机数据中心中的软件应该通过类似的机制保持是最新的。应该以自动化的方式安装更新，从而使支持的版本更少，可以更快地修复错误，并且能更容易地对安全漏洞做出反应。
- 由于数据安全等原因，从所有客户端和设施中持续获取日志文件是不现实的。然而，在出现错误的情况下，应该可以通过电子邮件发送所有相关信息，或者通过其他方式提供这些信息。这具有很高程度的自动化，只需点击一下鼠标即可。这种方式可以确保开发人员快速获得关键性的信息。

最后，目标仍然不变：提供直接访问必要信息的方式，并尽可能轻松且自动化地交付新的软件。如今主要通过互联网进行软件的分发，因此也有可能访问到来自于生产系统的信息，所以针对安装在客户自己网站上的系统和在你自己的数据中心中运行的系统，也可以使用类似的方法。

8.12 小结

在运维一款应用程序时，技术层面上主要关注访问生产环境中的信息并对其进行分析。本章对此给出了两个选项。一个选项是由应用程序写入日志文件，可以由 ELK Stack 之类的基础设施分析这些文件。另一个选项是监控所要评估的主要数据，本章通过 Graphite 给出了示例。运维通过以上方式获取应用程序之外的必要信息。与此同时，开发人员和产品经理可以借助这些数据，以一种合理的方式进一步发展应用程序。如果没有这种反馈，一款应用程序几乎不可能做到有针对性地持续发展。

第三部分

持续交付的管理、组织和架构

这一部分将阐释持续交付更为深远的影响。

- 第 9 章阐述企业如何引入持续交付。
- 第 10 章介绍技术层面的持续交付和组织层面的 DevOps 之间的联系。
- 第 11 章讨论持续交付和 DevOps 对软件架构的影响。
- 第 12 章对本书进行总结。

第9章

引入持续交付

9.1 概述

引入持续交付本质上意味着建立一条持续交付流水线。9.2 节将展示如何从项目之初就引入持续交付。将持续交付引入现有项目中主要是一项优化任务，因为已经存在一条用于将版本发布到生产环境的流水线。此时的主要问题是，从哪里以及如何开始优化这条流水线。9.3 节将阐述价值流映射，这是引入持续交付的一种流行方法。9.4 节将讨论质量投资、立即停止和“五个为什么”等其他方法。

9.2 从一开始就引入持续交付

在项目之初引入持续交付是最容易的。如果从一开始就引入持续交付流水线，就可以随着项目的进展一步一步地开发它。首先，可以从某阶段的工作入手，例如，提交阶段（参见第3章）和部署阶段（参见第7章），因为至少要经历这两个阶段才能将应用程序发布到生产环境。随后，可以逐步添加其他阶段，例如验收测试或其他自动化测试。是否需要容量测试或渗透测试取决于非功能性需求。因此，我们可以逐渐地投入精力，这通常更容易做到。

此外，在项目开始时就引入持续交付还有一个好处：从选择技术和体系结构时就开始考虑持续交付了。如果某一数据库或用于基础设施其他组件的某一技术特别容易自动化，那么最好采用它。同样，从一开始就控制应用程序配置和基础设施搭建的复杂度，更容易实现自动化。因此，为了降低安装和运维的复杂度，应用程序是即时优化的。

技术选型影响着持续交付流水线的方方面面。例如，编程语言的选择影响编译器的速度，进而影响持续交付流水线所用的时间；同时，编程语言的相关决策也会影响持续交付流水线的质量。

总之，从一开始就实施持续交付，对逐步建立和优化持续交付流水线很有裨益。此外，这么做还能让我们根据持续交付的需要来调整技术和架构决策，使得流水线的设立更加容易。概括来说，新项目更加容易引入持续交付。

9.3 价值流映射

大多数基于现有代码库的项目在设计时并没有考虑持续交付。若想在现有项目中成功地引入持续交付，最好先思考一下持续交付的基本原理：持续交付基于快速反馈和精益（参见 1.4.10 节）。精益的目标是减少浪费。在此语境下，浪费意味着不能立即为客户创造价值。例如，未发布到生产环境中的代码。虽然它可能包含新特性，但是客户并不能使用它们。因此，持续交付的重点不是等待大量的变更完成后一起交付，而是快速交付小的变更。特性和代码变更应该在流水线中不断地流动，部署应该定期执行。这符合精益的理想，即让价值在系统中不停地流动。

在某种意义上，总是会有一种持续交付流水线的，因为总归会有一个将软件版本发布到生产环境的过程。然而，这个过程可能非常复杂，或者需要很长时间，因此它与持续的流存在相当大的差距。

9.3.1 描述事件序列的价值流映射

持续交付的理想状态是具有快速的反馈，价值流映射对于实现这一理想状态很有帮助。它描述了到发布之前的当前事件序列。单一步骤的处理时间（增值时间）和等待时间（浪费时间）是确定的。总和是所需的总时间（周期时间）。由增值时间除以周期时间可得出该过程的效率。因此，可以最小化浪费时间，并为经过该流水线的功能实现一条持续的流，以实现这个理想状态。对于这些时间来说，如果出现错误或其他问题会怎样？这一点也应该纳入考虑，因为修复错误可能会花费很多时间。因此，要确定在测试过程中出现错误时会发生什么。此外，可以在价值流中确定优化所需的合作伙伴和资源。如果流程中存在瓶颈，步骤之间就会产生队列。如果变更未能足够快速地通过某个阶段，就会出现队列。例如，当许多代码变更都在等待手动测试时，就表明存在一处瓶颈。

9.3.2 优化

优化价值流的一种可能方式是为队列加上限制。如果这么做，瓶颈（达到队列限制的地方）会变得非常明显。这使我们能够识别瓶颈并消除它们。例如，可以定义只允许一定数量的变更等待手动测试。当队列被填满时，前面的步骤不能再接受任何新的任务。在最极端的情况下，这将中断新特性的实现，阻碍在手动测试阶段消除瓶颈。

确定周期时间也可以突显出优化的潜力。当某些阶段需要很长时间或需要很长的等待时间时，当前流水线中哪里存在问题就很明显了。

图 9-1 展示了一个示例。提交、构建和单元测试以及代码分析均在这台持续集成服务器上运行。该服务器会逐一处理这些阶段。开发人员每次一提交，该持续集成服务器就会立即启动，几乎没有任何等待时间。通过这些阶段也相对较快。然而，验收测试和容量测试需要很长时间，因此变更必须等待一段时间才能进入这些阶段。原因在于，这些测试是手动执行的，而且每个版本

只执行一次，比如每两周只执行一次。因此，在通过这些测试之前，变更平均需要等待5天。

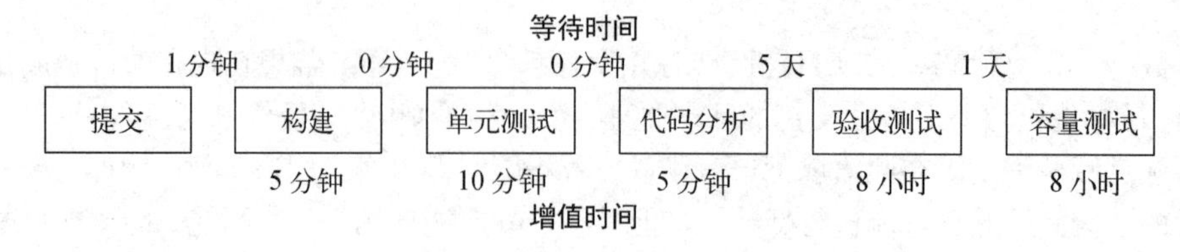

图9-1 优化前的价值流映射

在流水线还没有完全自动化的时候，价值流映射也是明智之选。它可以在引入持续交付之前首先识别出优化的潜力并推导出适当的优化措施。

逐步消除流水线中的瓶颈。如图9-2所示，经过几个优化步骤后，流水线已大部分自动化，特别是在验收测试和容量测试方面。它们是在额外的系统上执行的，这个系统与持续集成服务器是分开的。然而，在这些测试期间仍然会出现等待时间。为了进一步减少等待时间，可以减少测试的处理时间。当处理时间减少时，等待时间也会随即变短，因为所需的计算机可以更快地再次投入使用。

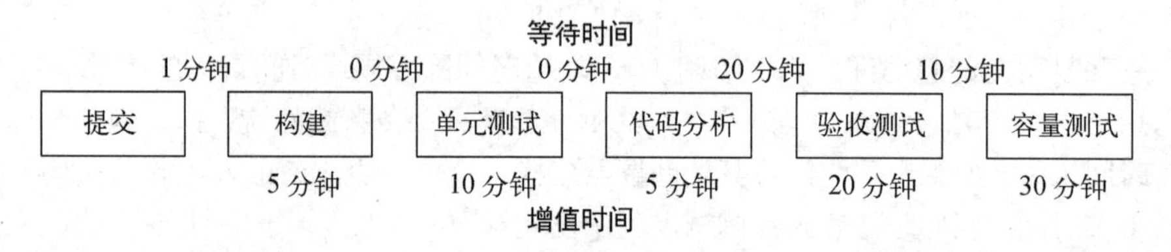

图9-2 优化后的价值流映射

针对验收测试和容量测试，优化处理时间有着不同的方法，例如使用更好的硬件、改进测试或为测试提供多套环境。此外，还可以对测试进行分类，从而首先运行一个简化版的测试（测试范围相当宽泛），然后再运行一个更全面的版本（深入评估）。这样，当某个特性根本无法工作时，可以向开发人员更快地提供反馈。

因此，价值流映射对于逐步优化现有流水线来说是一款很有价值的工具。

9.4 其他优化措施

价值流映射为我们指出了持续交付流水线中哪里是可以优化的。然而，主要问题一般并不是找到需要改进的步骤，而是决定从哪里开始优化以及优化什么。

9.4.1 质量投资

质量投资能帮助我们做出这个决定。其核心思想是评估每一种潜在措施的成本和收益，并在成本和收益之间寻求最佳平衡点。成本即实现优化所必需的工作量。对于测试的自动化来说，成本包括编写测试以及把它们集成到持续交付流水线中。

9.4.2 成本

如果打算在现有项目中实现持续交付，那么评估成本将特别重要，因为当以前没有考虑过某些软件特性时，某些措施的成本可能会非常高。通常，开发人员对软件包安装的难易并不感兴趣。他们可能会提供一个非常灵活的配置，但是，这可能会在运行期间产生很高的开销，最终极大地增加成本。由于这种复杂的配置，实现软件的自动化安装变得非常困难。如果采用了持续交付，软件必须在不同的阶段安装，以便进行测试。因此，自动化软件安装是非常必要的。然而，实现这一目标可能需要付出非常大的努力，最终人们还是倾向于不要完全自动化。

9.4.3 收益

收益可以抵消成本。如果采用持续交付，可以获得两个维度的收益：减少工作量和增加可靠性。例如，验收测试的自动化减少了运行这些测试的工作量。与此同时，测试变得更加可靠，因为实现了自动化，可以准确地重现结果。

除了这项直接收益，还有一项间接收益：测试自动化使我们有条件进行更频繁的测试。这增加了早期发现错误的可能性，从而提高了质量。当测试更频繁地执行时，如果出现错误，开发人员会更快地收到反馈。这对消除错误很有帮助，因为直到测试失败之前，开发人员改动过的代码会更少。此外，他们也能更清楚地记得最近改动过的具体代码，从而更容易发现错误。

所以，确定成本和收益乍看起来是一项简单的任务，毕竟，它只是针对所要落实的措施，评估相关的支出及其带来的生产力或可靠性收益。然而，详细的分析是非常复杂的，因为有直接和间接的收益，它们实际上很难预测和判断。

最后必须要强调，最重要的是心态。无论在审视了一些措施之后，一条持续交付流水线可以变得多么漂亮，真正重要的是改变是否带来了收益，所获得的收益相比之前的支出是否合理。收支比不合理的措施就不应该实施。

9

这正是质量投资背后的理念。每一项投资的成本和收益都必须清清楚楚。质量投资的概念使成本和收益之间的关系变成了讨论的中心议题。

9.4.4 不要在“红色构建”上检入

提升持续交付的适应性有一种非常简单的做法，那就是遵循以下这条简单的指导原则：

> 当持续交付流水线发生故障时，任何人不得检入。

首先，这条原则有非常实际的原因。如果系统当前无法工作，任何其他的变更都将使错误的查找变得更加复杂。此外，由于持续交付流水线失效了，因此无法立即检测出新代码中的错误。

这将导致一些由于新代码变更而出现的错误被忽略。

对于团队来说，这条简单的原则意味着大家要尽可能让流水线保持为绿色，否则就不可能将代码发布到生产环境。因此，团队会努力改进流水线，以避免在红色的持续交付流水线上耽误时间。如何改进流水线取决于团队，或者，具有特定职责的人可以协调大家解决当前问题。

9.4.5 立即停止

“立即停止”是优化持续交付流水线的另一个选项。这个想法源自工业界：如果出现问题，那么流水线上的每个工人都可以让传送带停下来。在继续生产之前，必须解决这个问题。这一原则也可以应用于持续交付的上下文：如果持续交付流水线中出现问题，那么需要所有团队成员立即集合，确定问题的优先级以及如何处理它。“立即停止”的优点是可以立即消除问题。它们具有高优先级，并得到了高度重视。这保证了流水线的质量。然而，虽然这个解决方案可以解决眼前的问题，但潜在的原因可能仍然没有发现和消除。

9.4.6 “五个为什么”

为了找到问题潜在的原因，可以在事后剖析时使用“五个为什么”。在此，需要连续询问五次为什么。

下面举个例子。

- 为什么这次构建是红色的？
- 因为测试失败了。
- 为什么测试失败了？
- 因为测试数据不正确。
- 为什么测试数据不正确？
- 因为在导入测试数据时发生了错误。
- 为什么会发生这个错误？
- 因为测试数据是手动生成的。
- 为什么要手动生成测试数据？
- 因为没有自动化。

因此，在这个例子中，要采取的措施是自动生成测试数据。如果这么做，将来每次运行流水线时都将提供同样的测试数据，从而消除了最初那个问题的根本原因。

在“立即停止”的上下文中，关注点是不同的。在此，最主要的一点是尽快消除问题。如果不投入一些时间，那么从此以自动化的方式生成测试数据是很难实现的。因此，在“立即停止”的上下文中，解决方案是纠正测试数据，而不是解决根本问题。这么做会迅速将流水线重新变为绿色。但是，它有一个缺点——在将来的运行中，这个问题可能会反复出现。

9.4.7 DevOps

引入持续交付时，运维和开发应该是相辅相成的。每一个小组都能很好地掌握持续交付的一部分。运维人员熟悉监控、安全性和网络基础设施等方面，这些对于安装和运行应用程序非常重要。而开发人员了解代码、开发基础设施和中间件（比如应用服务器）。如果双方在一起协作，就可以非常容易地建立起一条持续交付流水线。因此，在开始持续交付时，至少应该考虑引入DevOps（参见第10章）。

尝试和实验

- 借助价值流图（如图9-1和图9-2所示），大致描绘出一个项目的当前发布流程。
- 代码变更在哪个步骤中停留多长时间？
- 在价值流的哪个步骤中有多少变更在等待？
- 如果这个信息是未知的，那么如何测定？
- 基于这些认识，得出一些优化措施。无论如何，总会有改进的余地。
- 概述两到三项优化持续交付流水线的措施，包括一项符合质量投资理念的成本/收益分析。你会首先实施哪些措施？
- 定义一个有能力实施这些优化的团队。
- 哪些技能是必需的？
- 开发人员或运维人员能否独立实施这些措施，或者他们的合作是否不可或缺？
- 研究一下“五个为什么”的方法。试着用它分析一下上一次的生产故障。

9.5 小结

如果可能的话，应该从项目一开始就使用持续交付，这样就可以一步一步地构建必要的流水线。对于已经运行了一段时间的项目，已经有了将代码变更发布到生产环境的流水线，所以只需要针对持续交付优化这条流水线。为此可以采用不同的方法。

- 价值流映射有助于分析流水线的时间和吞吐量。此信息可用于设计优化。
- 质量投资描述了一种评估此类优化的思维模式。
- “立即停止”作为一道安全网，可以消除流水线运行过程中出现的问题。
- 若要彻底消除未来的问题，可以使用“五个为什么”的方法。

其实大多数情况下会综合使用这些技术来建立和优化持续交付流水线。

第 10 章

持续交付和 DevOps

10.1 概述

持续交付主要是一种技术方法。本章将讨论持续交付对组织的影响。10.2 节将介绍 DevOps，这是一种最适合实现持续交付的组织形式。DevOps 的核心是运维（Ops）和开发（Dev）的协作。10.3 节将展示 DevOps 和持续交付相互影响的具体方式。10.4 节将提出一个问题：如果没有 DevOps，是否有可能实现持续交付？10.5 节将重点强调扩展 DevOps 的其他组织方法。

10.2 什么是 DevOps

传统上，开发和运维是组织中独立的实体。通常，这是两个不同的部门，到非常高的 IT 管理层次才会汇合。他们也有着不同的目标：运维应当以一种非常节约成本的方式进行，其绩效基于成本进行评估；开发团队则要实现新特性，其绩效基于交付特性的速度和效率进行评估。分工的理念以及通过专业化、标准化和工业化来提升效率的做法造成了这种严重的分化。例如，如果运维只需要支持一种类型的平台，那么可以专攻这种平台，通过自动化高效地运维它。

10.2.1 问题

然而，这种方法也会产生问题。运维的目标是实现高度的软件稳定性，于是会将每次变更和每个新版本视为对稳定性的潜在威胁。反之，开发团队本质上是靠更改软件赚钱的。这很容易导致两个部门之间的冲突。同时，很容易淹没这两个部门的共同目标：为客户提供最优质的服务，不管这些客户是他们自己企业的内部客户，还是市场上的实际客户。

此外，二者在日常业务中的差异非常显著：开发和运维对应用程序有着完全不同的看法。运维将应用程序视为操作系统进程，可以使用适当的工具对其进行监控。除了 CPU 利用率和 I/O 负载之外，还可以评估与内核相关的性能表现。使用这些工具，运维可以分析应用程序的性能表现和出现的错误。在这个过程中，应用程序通常仍然是一个黑盒，其内部的流程是未知的。与之相反，开发人员了解业务流程，并常常与异常和日志文件打交道。运维也应该掌握这些知识。运维通常根本不知道 Java 虚拟机之类的基础设施和垃圾回收之类的特性，尽管这些常常与问题的分析息息相关。而开发人员通常不熟悉运维使用的典型工具和方法，因为他们通常只管理和安装他们自己的计算机或测试服务器，所以用不上这些工具，不能充分发挥它们的作用。而且，这些系统很难与生产系统相比。

由于运维和开发都只掌握了一部分必要的知识和工具，因此实际上只有把运维和开发的专业知识结合起来，才有可能合理有效地运维应用程序。对于部署来说更是如此，应用程序必须从运维到开发去寻找方法，这正是持续交付的用武之地。

10.2.2 客户视角

对于客户来说，将运维和开发做这种划分也没有帮助：当出现错误或问题时，运维和开发可以根据潜在原因贡献自己的解决方案。然而，客户通常难以确定应该寻求哪个部门的帮助。而且最糟糕的情况是，运维说得由开发解决这个问题，开发则说应该由运维负责。客户很难判断到底谁才是真正的责任人。

10.2.3 先锋：亚马逊

对所有大型 IT 公司来说，把运维和开发分离开基本是个共识。然而，2006 年，人们发现一家大型 IT 公司有着与众不同的做法：它就是亚马逊。自 2006 年以来，亚马逊拥有了一批同时负责开发和运维的团队。每个团队会负责一项具有业务相关性的服务。因此，每个团队都拥有自主权，以兼顾开发和运维的方式，对这些服务进行优化。例如，无须进一步的协调，就可以增强应用程序的监控。此外，团队还可以独立地决定使用哪个技术栈。最终，由团队自己负责管理这些技术并消除潜在的错误和问题。因此，除了要保证所有应用程序都能够在亚马逊云基础设施上运行之外，基本上免除了企业级的规范要求。这看起来有点混乱，但它确实提供了很高的自由度，为自组织奠定了基础。

只留下一小部分运维独立于各个团队工作，它们负责提供硬件和亚马逊云并进行维护。在这些虚拟机上，不同的团队可以安装操作系统和所有其他的软件。

10.2.4 DevOps

DevOps 这个术语是于 2009 年在比利时召开的 Devopsdays 大会上提出的。它由开发（Dev）和运维（Ops）两个词组合而成。这个术语从字面上就点出了这个理念的重点：开发和运维一起成长为一支团队，根据组件和领域的职责划分为子团队。

对于客户来说，这样的 IT 组织更加透明：当某个服务出现问题时，立即就可以清楚地知道谁是相关的负责人，从而解决这个问题。此外，也很清楚谁能够通过附加功能扩展某个服务。

因此，DevOps 侧重于组织模型的变革（如图 10-1 所示）。解散了像运维和开发这样的独立单位（通常称为竖井），以实现一种整合，每个团队都要对这两个领域负责。

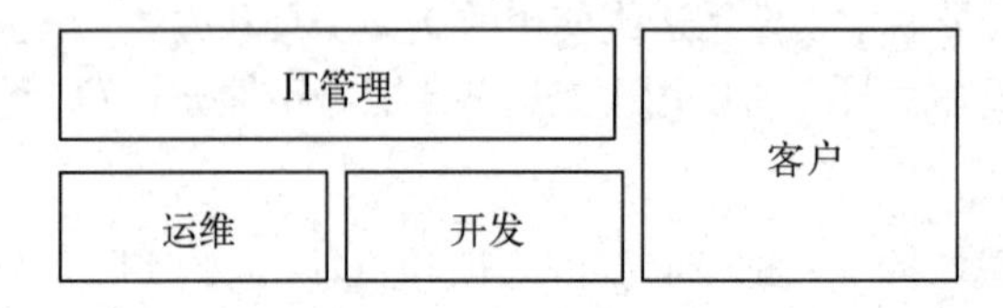

图 10-1　典型的 IT 组织划分为开发和运维

如此，在引入 DevOps 时，除了现有的运维和开发团队之外，建立一支新的 DevOps 团队来协调开发和运维之间的合作是没有多大意义的。这只会创建一个额外的竖井，因为现在除了运维和开发之外还有第三支团队。这与减少竖井数量的初衷背道而驰。

首先依照 DevOps 的理念运营和开发一个具有一定业务逻辑的服务会更有意义。这个服务由一个团队负责，它会同时处理它的开发和运维。这将种下第一颗改变组织的 DevOps 之种，如图 10-2 所示。

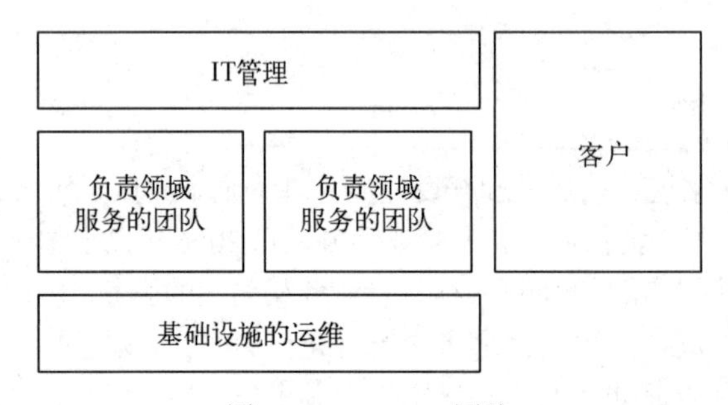

图 10-2　DevOps 团队

实际上，改变整个组织通常很难，特别是在大型企业中。然而，也可以通过不同的方式实现协作：最终，除了正式的组织结构之外，总会进行一些非正式的协作。我们可以鼓励这一趋势，例如，将运维部和开发部的员工从各自的部门搬到同一个房间，让他们共处一室。这会使运维和开发彼此之间更容易沟通，从而促进他们之间的协作。此外，运维部的员工可以在开发团队实习，反之亦然。这也是在不正式改变组织结构的情况下加强知识交流和协作的一种手段。

总之，DevOps 提出的是一种不同的开发和运维理念。这两个部门必须紧密合作，才能为客户创造最大的价值。因此，尽管不一定需要对组织进行变革，但这种变革肯定是有帮助的。

10.3　持续交付和 DevOps

持续交付在 DevOps 的上下文中尤其容易实现，因为它需要两个部门的技术：开发了解应用程序并清楚如何配置应用程序、应用程序内部结构是怎样的，以及从应用程序逻辑的角度出发应特别关注哪些监控指标；而运维清楚周边环境，并可以提供一些用于监控或日志分析之类的工具。

凭借 DevOps 团队，就可以在软件开发和运维期间同时涵盖这两个领域。此外，因为所有必要的角色都团结在一个团队中，所以来自于生产环境的反馈可以直接用于优化应用程序的进一步开发。这使得团队能够达到持续交付的主要目标——快速反馈。

10.3.1　DevOps：不只是持续交付

通常，持续交付甚至被视为 DevOps 的同义词。然而，这没有抓住重点。虽然持续交付受到了 DevOps 极大的促进作用，是 DevOps 领域的一种基本方法，但除了持续交付之外还包括许多领域。

- 开发和运维可以针对监控协同工作。运维可以在操作系统级监控进程和整个服务器。开发可以基于监控得出结论，优化应用程序，从而提高它的可靠性。此外，开发还能为运维提供可以纳入监控的其他指标。这使团队能够更多地了解应用程序的行为。这种监控还可以包括业务指标。例如，如果一个新版本导致销售量下降，就可以立即看到，从而快速解决此类问题。
- 开发和运维还可以一起进行排错。尽管运维在排错和问题分析方面很强，但它常常受限于系统分析的工具，如 tcpdump 和 strace，只从外部查看软件。开发人员了解应用程序的内部结构，可以从这个视角为排错提供更多的信息。因此，可以对软件开发进行扩展，使其返回用于排错的附加信息，甚至提供专门的工具来分析应用程序，比如跨应用程序层分析和跟踪的工具。实现可以非常简单，例如，在生产环境中使用一个带有额外参数的 URL，使应用程序显示额外的数据。此外，还可以为运维提供附加的控制能力，例如禁用应用程序的某些部分。
- 最后，开发可以为运维提供干预应用程序的可能性。除了重新启动应用程序，运维通常没有干预的能力。而让他们禁用某些功能可能是种可取的做法，例如，当该功能需要的另一个系统不可用或必须提供服务时。这有助于避免整个应用程序崩溃。此外，修改数据的管理工具可以用来修复数据集中的错误。这最终可能会成为应用程序的一款管理工具，管理员可以借此消除应用程序中出现的问题。

因此，很明显，DevOps 不仅仅是持续交付。它是一种特别的思维习惯和组织形式，衍生出了许多技术措施，而持续交付只是其中之一。

10.3.2　个体责任和自组织

本质上，DevOps 是与个体责任相关的。该团队要承担一个组件的全部责任，包括它的开发和运维。因此，该团队不需要与其他团队协调工作。与这一特定组件相关的方方面面都可以由一个团队完成。这包括开发、运维，特别是产品的发布。这使团队可以更快地开展工作，更快地开发软件，并快速地将其发布到生产环境。举个例子，他们不再需要编写全面的运维手册，因为组件的运维和开发一直都在紧密协作。因此，在许多情况下可以用直接沟通代替书面沟通。此外，由于实现了自动化，需要文档化的手动过程要少得多。

10.3.3　技术决策

此外，这种方法能让团队更加自主地做出决策。他们可以自主决定使用一项新技术，不必受管理层的影响。然而，这也意味着即使发布到了生产环境，团队也要为这项技术负责。如果所选的技术在生产环境中引起问题，那么团队就必须找到处理这些问题的方法。这就是为什么团队可以在第一时间承担决策的责任。因此，团队必须分配好那些需要随叫随到的任务，从而避免在半夜被叫起来解决问题，这符合整个团队的利益，既包括开发也包括运维。

10.3.4　减少集中控制

在这样的环境中，集中控制就不那么重要了。当然，仍然需要制定一些通用规则，并加以控制。但是，这些通用规则关注的应该是一些基本特征：每个团队将有一条持续交付流水线，从而在不同的环境中使用这些组件的自动化部署。这包括以自动化的方式部署和测试的组件。不过，可以授权各团队决定具体使用哪些技术来实现。因为是由团队负责开发和运维，所以完全可以将实现技术的选择权（如框架、编程语言和应用服务器）交给他们。如果他们决定的技术最适合他们的需求，那么就没有理由不接受。最终，如果这些技术在生产环境中行不通，那么必须由这支团队自己解决，而不是由独立的运维部门解决。同样，如果这些技术在实施过程中的开支过高，也必须由团队自己处理。

10.3.5　技术多元化

这使大家可以在一个组织中使用许多不同的技术。传统组织的目标是限制技术的数量并控制其使用，从而将风险降到最低并挖掘协同效应的潜力。当所有团队使用相同的编程语言和基础设施时，每个开发人员都了解所需的技术，因此在某种程度上能够支持每个项目。运维也可以关注这些技术，从而渐渐熟悉这些技术的问题类型。

这种协同效应并不是 DevOps 关注的重点。在此，重点是团队自己做出决定的自由。因此，每个团队都可以选择最适合各自需求的技术栈，从而以最佳的生产效率开展工作。

10.3.6　团队间的交流

为了与其他团队共享最佳实践和自主开发的工具或框架，可以加强团队之间的交流。在一定程度上，也可以建立标准的技术栈。然而，大家不再是因为强制要求而使用这个技术栈，而是因为它们所能带来的好处：其他团队已经具备了使用这些技术的经验，因此可以提供支持。此外，还具备了自主开发的工具集。如此一来，某些团队用过的技术也会对其他团队产生吸引力。最终，尽管大家有选择的自由，但还是很可能会使用经某个团队实践证实过的技术。

在某些方面，选择权也可能会受到限制，不能做到完全自由地选择：如果团队中只有一个人掌握某种技术，那么这个人在度假或离职时就会出现问题。为了解决这类问题，可以建立一个指导方针——只有团队中有多个人清楚如何使用某种技术时，才能选择使用这种技术。当然，在各团队之间也存在这个问题：当一个团队使用了组织中其他人都不熟悉的某些技术时，必须确保这个团队长期存在下去。最后，当工作负载过高时，也很难从另一个团队抽调人手为这个团队提供额外的支持，因为另一个团队的成员可能不了解他们的技术栈。

10.3.7 架构

对于架构团队来说，高度的独立性构成了一个挑战：强制架构向某个方向发展的中心实体与团队的独立性不符。它必须被替换为新的过程，使团队能够以一种协调的方式开发系统。这个过程可以自发地出现，但历史经验告诉我们，通常至少要主持一下会议，将会议事先安排好会使团队充分地协调他们的工作。还需要有一名中心架构师派生出相关的架构主题（例如，根据团队下一步的开发计划），并设计团队间协调的过程。但是，重点是要由团队决定最终的主题，而中心实体只负责协调此过程。最终，团队必须承受决策和架构的影响，并且能够高效地开发软件。

因此，DevOps 对流程、团队和方法的影响远远超过了持续交付。同时，DevOps 可以用来实现许多额外的收益。当然，即使没有与 DevOps 相关的组织变革，也可以实现持续交付，但是对于一条完整的持续交付流水线来说，运维和开发所发挥的作用都至关重要。因此，没有一定程度的合作与协调，就完全无法实现持续交付流水线。

尝试和实验

如果你在一个传统组织中担任开发人员：找一位负责运维你的应用程序的同事，了解以下信息。

- 监控工作是如何进行的？
- 这位同事通常会围绕这款应用程序开展哪些工作？
- 他为此使用了什么工具？
- 哪些功能可以帮助他进行排错？
- 到目前为止发生过哪些事故？夜间运维的频率有多高？原因是什么？
- 日志文件中最常见的十个错误是什么？
- 这款应用程序在安装和运维期间最大的问题是什么？

如果你在一个传统组织中担任运维人员：找一位负责开发你所运维的应用程序的同事，并与他讨论上述问题。

- 选择一款应用程序作为监控的案例。
- 目前，可以监控到这款应用程序的哪些数值？
- 它们属于哪些类别，例如技术（数据库、虚拟机）和业务（销量、新用户的注册量）？
- 为哪些数值定义了预警？

10.4　没有 DevOps 的持续交付

正如前面几节所讨论的，持续交付与 DevOps 结合使用最为合理。一方面，持续交付流水线在不同的阶段需要开发（Dev）和运维（Ops）的技能。但另一方面，对于大多数组织来说，DevOps 只有在现有组织结构发生巨大变化时才可能实现。特别是在大型企业中，CIO 以下就已经直接将开发和运维划分成两个领域。要真正引入 DevOps，必须从根本上改变组织，因为团队必须由来自开发和运维的员工组成。然而，这种根本性的组织重组极为艰巨，而且经常有大量反对的声音。

因此，问题是能否在没有 DevOps 的情况下引入持续交付。对于持续交付来说，混合式团队不是强制条件，但是必须在持续交付流水线上协作。具体来说，运维应该致力于自动化部署，开发人员应该专注于不同的测试阶段的实现。当然，超越这一界限的相互支持也是可以预想的且有益的。在流水线上进行这样的协作并不一定需要对组织进行重组。

然而，在流水线中经常会表现出组织边界：例如，开发可以搭建测试系统并为它们建立自动化。但是，当运维不愿意接管这些自动化，又希望设置自己的自动化时，流水线就分成了两个部分。在系统和自动化的组织结构方面，开发与运维是不同的。这将使得很难在系统开发中重现生产环境中的问题。这会使开销加倍，因为必须在两个系统中跟踪变更。如果开发和运维使用了相同的工具，但运维希望手动接收开发中的变更，也会遇到同样的问题。这两种自动化方法将分别发展，之后的统一将花费大量的精力。这个技术问题其实源自组织问题：运维不相信开发引入的变更，因此不想接纳它们。然而，通过更好的协作，无须组织重组也可以解决这个问题。只要消除了最初的不信任，就会找到技术解决方案。换言之，没有任何技术解决方案能够消除潜在的心理隔阂。

终止持续交付流水线

如果没有来自运维的支持，那么是否可以实现持续交付呢？持续交付的最终目标是使软件更快地发布到生产环境。如果运维不支持持续交付工作，那么这条流水线就无法用于生产环境，这个目标几乎不可能实现。但是，实现具有不同测试阶段的持续交付流水线并在发布到生产环境之前终止它，还是有可能的。当然，以这种方式不可能实现生产环境中更快的部署。

不过，上市时间并不是持续交付的唯一目标。还有一个目标是持续交付的可重现性和可重复性。两者都可以通过一条缩短的持续交付流水线来实现。所有测试都是可重现的。此外，在每次变更时都要重复这些测试，从而更频繁地执行它们。这将带来更高的软件质量和更快的反馈，而它们正是持续交付的基本目标。另外，至少得在测试系统上安装这款软件，所以原则上这个安装也是可重复的。

更高的软件质量，以及应用程序的自动化和可重复的部署（至少在测试系统上），这些理由已经足够引入持续交付了。因此，无须 DevOps 就可以引入持续交付，甚至无须运维的支持也能够实现简化版。

令人遗憾的是，不可能以这种方式发挥持续交付的所有优势，但是，走出这一步仍然很有价值。此外，运维仍然可以将这条持续交付流水线延续至后面的生产环境。

仅由运维实现的持续交付流水线只包括生产环境中的自动化部署。为了限制支出，无论如何都应该由运维来实现自动化。但是，只有通过测试阶段，才能在生产环境中进行快速部署。因为只有这样，才能确保软件达到了足够的标准，可以用于生产环境。即使部署本身已经完全自动化，并且功能可靠，也需要预先测试再将新软件发布到生产环境，因为只有通过测试才能确保具备必需的质量。

总而言之，在没有 DevOps 的情况下实现持续交付是可以预想的。当然，这种做法产生的收益不如结合 DevOps 一起引入的收益。

10.5 小结

DevOps 通过一个开发和运维紧密协作的组织模型扩展了持续交付。持续交付侧重于软件的交付。为此，这两个部门必须紧密协作，让 DevOps 为持续交付带来特别的帮助。但是，协作可以不仅仅局限于这一范畴，改进后的协作还可以促进监控和排错。下一步，团队的定位可以更加宽泛，正如设计思维建议的那样。精益创业[1]侧重于特性的评估，以逐步改进和细化产品。由于持续交付使我们可以对单个特性进行交付和评估，因此使用持续交付可以很好地实现精益创业。

10

① 详见由 Eric Ries 所著的《精益创业：如何建立一个精悍、可持续、可赢利的公司》。

第 11 章

持续交付、DevOps 和软件架构

11.1 概述

持续交付和 DevOps 方法使人们能够更有效地运维软件，并更容易地将其发布到生产环境。它们主要影响部署和运维流程。而本章关注的是一个完全不同的方面：持续交付还影响着应用程序的架构。最初看来，它们的关联并不明显，为什么部署和软件运维会影响软件架构呢？

首先，11.2 节将定义“软件架构”这一术语。11.3 节将讨论分解成的组件如何针对持续交付进行优化。11.4 节关注的是组件之间的接口。11.5 节将展示如何处理数据库，在持续交付的上下文中它们可能会带来相当大的挑战。持续交付的重点是交付新特性，11.6 节将主要介绍这些新特性的交付。11.7 节将解释如何处理软件架构中的新特性。最后，11.8 节进行总结。

11.2 软件架构

软件架构可以定义为理解一款软件系统所必需的结构。这包括各个软件组件、它们之间的关系，以及这些组件和关系的特征。这是一个非常常规的定义。基于看待软件架构的级别，以下对组件及其关系做了各类举例。

- 对于面向对象的系统，组件可以是类。在这种情况下，组件之间的关系是一个类使用另一个类或类之间的继承。
- Java、C#和 C++等编程语言提供了在一个包或命名空间中构造多个相关类的可能性。这些也可以用于实现组件。这些组件之间的关系是使用另一个包或命名空间中的类。
- 在更粗的粒度上，组件可以是部署单元，而组件之间的关系可以是各个单元之间的依赖关系。举例来说，这种部署单元包括：Java 的 WAR 和 EAR 文件，.NET 的 DLL，以及其他系统中的类库。
- 在企业软件架构的级别，组件可以是软件系统。在这种情况下，组件之间的关系是一个系统对另一个系统的调用。

对于软件架构来说，组件的技术实现（即软件架构最终在系统中怎样呈现）是一项基本决策。

为什么要有软件架构

软件架构有着重大的作用，因为一个完整的系统非常复杂，难以理解。因此，我们可以将系统划分为多个组件。开发人员可以逐一地理解和更改这些组件。如此，各组成部分之间的关系也相对容易理解。只有当开发人员了解了这些，他们才能够更改组件或组件之间的关系，从而进一步更改系统。

此外，架构定义了一个系统的技术基础。架构的各个组件最后还是要实现出来的，这离不开技术决策。例如，可以用不同的语言来实现面向对象的系统，并且可以使用不同的类库来处理诸如持久性之类的典型问题。这些决策形成了一个技术栈，影响着性能、安全性和可伸缩性等非功能性需求。

我们以一个非常简单的系统为例，它要实现一家企业的订单业务，如图 11-1 所示。这里需要 3 个组件。

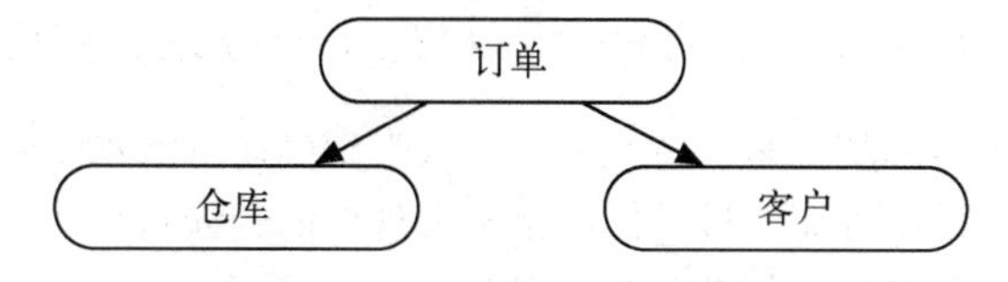

图 11-1　将系统划分为多个组件

- 订单组件负责实现订购流程，并使我们可以访问至今已处理过的订单。
- 仓库组件跟踪有库存的商品，以及库存的数量。它还可以触发向客户交付商品。
- 客户组件掌握客户数据，并在处理订单时提供这些数据。

组件的划分完全由领域职责驱动，与技术无关。这种方法非常重要，因为每个软件系统都必须实现特定的功能。我们要随这些功能调整架构，以支持实际的目标：开发软件系统来实现特定的功能。通常，在定义架构的过程中会丢失这一目标，让技术悄然走到台前。而最初的“技术无关”构思有助于避免这个问题。

当然，组件的技术实现是必要的：组件可以是类、包或者部署单元。但是，此决策与领域功能拆分的决策无关。因此，一种选择是将整个系统实现为一个部署单元，并将单个组件实现为类或包。这种方法有很多优点：它技术简单，性能高，因为组件彼此间可以通过方法调用直接通信，也因此没有分布式通信的开销。如果每个组件都是一个部署单元，那么项目将会更加复杂，特别是在构建过程中。这是因为每个部署单元通常就是一个单独的项目，需要分开编译，然后还必须自己安装到运行时环境中。此外，这些组件通常必须使用更复杂的通信机制，例如 SOAP 和 REST。这不仅使实现更加复杂，而且会对性能产生负面影响。

一开始，可以先将所有组件合并在一个部署单元中，以降低复杂度并实现高性能的解决方案。组件之间的通信是通过方法调用实现的，如图 11-2 所示。

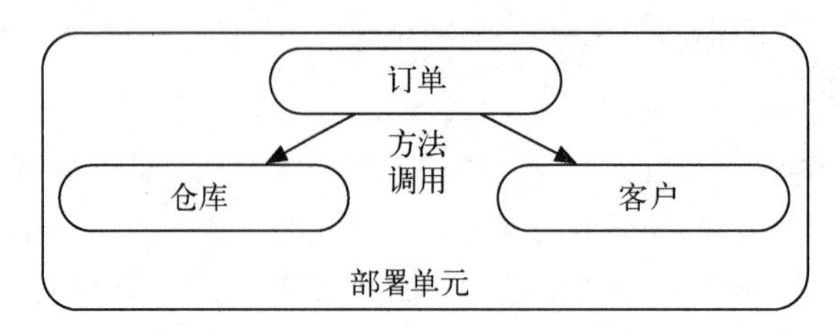

图 11-2　组件的实现

11.3　针对持续交付优化架构

然而，当只修改一个组件时，例如处理订单的组件，必须运行整条持续交付流水线。在此过程中，持续交付流水线不仅要构建和测试修改后的组件，而且要测试所有组件。这造成了许多不必要的工作，更重要的是，延迟了测试的反馈。要先执行所有组件的提交阶段，然后才可以执行订单组件的验收测试。因此，即使只有其中一个组件做了变更，也要运行所有组件的所有单元测试。所以，只有在所有单元测试都执行完之后，才会发现导致验收测试失败的错误。

不过，这个过程在一定程度上是有意义的：当从头到尾运行流水线时，应该测试到了所有的组件。毕竟，某个组件的错误可能通过其依赖组件表现出的错误行为才暴露出来。但是，在这个订单示例中，可以排除这种情况，因为没有其他组件使用它们，如图 11-3 的架构图所示。

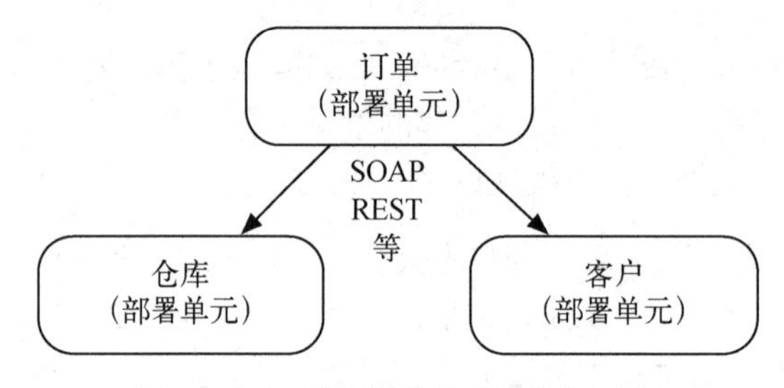

图 11-3　将系统划分为多个部署单元

更小的部署单元

如果将此影响因素考虑进架构中，并针对持续交付和快速反馈对架构进行优化，则组件的另一种技术实现将变得更加合理。每个组件都可以实现为单独的部署单元，例如类库、Java JAR 文件、Java WAR 文件或以任意编程语言编写的可执行应用程序。

如果这么做，将为订单、客户和仓库组件提供单独的持续交付流水线。因此，对订单组件的更改只会触发一条流水线的执行，这样就可以更快地获得反馈。

此外，这种方法将最小化风险：它只重新部署了部分系统而不是整个系统。因此，变动更少，这意味着错误在某处蔓延的风险更小。此外，由于部署单元更小，因此部署会更简单、更快速。出于同样的原因，当某处出现问题时，可以更快地撤销对这个部署单元的变更。

这种方法还会影响组件之间的通信：当部署单元是类库时，仍然可以使用方法调用进行通信。但如果是这样，通常部署一个组件时至少需要重启其他的组件，以使它们加载这个新版本的类库。但是，如果部署单元变成单独的服务，这些服务作为服务器上单独的进程运行，那么也必须更改组件之间的通信。我们有以下几种选择。

- REST 可以作为协议使用。它不仅将 HTTP 用于读取数据，而且用于创建新的数据记录或修改原有的数据记录。例如，可以将 JSON 作为数据格式。但是，就消息的大小和性能而言，Protobuf 更有效。至于 XML，虽然效率较低，但它提供了一个非常强大的类型系统，主要应用于企业级上下文。
- 还可以通过面向消息的中间件（MOM）进行异步通信，它用于许多集成解决方案，比如企业服务总线。这种做法进一步解耦了组件。

最后要说的是，可以让各个部署单元尽可能地小，这有利于持续交付。

11.4　接口

如果组件提供了接口（例如仓库或客户组件为订单组件提供的接口），在部署期间还有一个问题：当修改了接口时，必须重新部署所有依赖它的组件。这些组件使用了这个接口，必须与这些变更保持同步，从而在新版本中适当地使用这个接口。现在的问题是，需要重新部署的不只是一个组件，而是许多组件。因此，部署变得既复杂风险又高，这个问题本应通过部署小组件避免，结果又回到了原点。

为了解决这个问题，在修改接口之后，仍然需要支持它的旧版本。采用这种方式，使依赖它的组件仍然可以使用旧的接口。因此，没有必要立即重新部署所有组件，可以逐步地部署它们。首先，重新部署该组件，这样将提供新的接口。随后，所有使用该接口的组件都被转换为新版本并重新部署。然后可以终止对旧接口的支持。当然，支持接口的额外版本会增加工作量，但是与复杂且大量的部署相比，这无疑是更好的选择。

在分布式系统中，接口的版本控制是很常见的。例如，可以使用版本号作为名称的一部分，比如，作为 REST 资源 URL 的一部分。当然，只有当没有组件使用旧版本时，才能终止对旧接口版本的支持。通常，这可能会变成一个很大的挑战：在某些情况下，甚至不知道哪些组件仍然在使用某个接口。不过，采用持续部署就可以解决这个问题。通常，所有组件都属于一款应用程序，由一支团队负责整个应用程序。因此，该团队掌控所有组件，能够以合理的方式限制对旧接口的支持，例如，只支持当前版本和上一个版本。由于持续部署降低了组件部署的工作量和风险，因此当组件只使用另一个组件的新接口时，是很容易重新部署组件的。通常这样的变动不会非常广泛，于是进一步降低了风险。事实上，分布式系统中仍然提供旧的接口，仅仅是因为没有人愿意承担新部署的风险。

当然，这也意味着，那些由其他团队实现的外部组件提供的接口，或者通过互联网提供的公共接口，仍然只能谨慎地修改：这些接口的用户已经超出了团队的影响范围，因此更难终止对一个接口版本的支持。

11.4.1 伯斯塔尔法则

上文提出的接口版本控制理念实际上是伯斯塔尔法则（也称为健壮性原则）的一个特殊变体。该法则指出，组件应严于律己，宽以待人。通俗点讲，当使用其他组件时，每个组件都应该严格去做，即尽可能完全遵循指南；但是在被使用时，就要尽可能地容忍各种错误。当每个组件的行为都符合健壮性原则时，互操作性将得到改进：如果每个组件都完全遵照了其他组件的要求，互操作性就得到了保证，但是如果仍然存在偏差，所使用的组件将尽可能地去适应它。

将此原则应用于接口的版本控制，意味着每个组件都应该接受对其旧版本接口的调用，但是只使用其他接口的最新版本。

11.4.2 容错设计

然而，即使对接口进行了版本控制，仍然有许多问题需要解决。在组件更新期间，可能会停机一段时间。如果其他组件在这期间调用了该组件，则必须予以适当地处理。

处理组件运行中断有以下 3 种方法。

- 使用默认值。例如，如果中断的组件通常是为客户显示建议的，则可以在该组件不可用时显示通用的建议。
- 使用简化的版本代替原来的算法。例如，如果无法确定客户的信用评级，则可以使用一种更简单的算法——进行一个不超过硬性上限的信用评估。这其实主要是一项业务决策：企业是愿意在停机时放弃销售，还是愿意接受一定程度的风险？
- 还有一种方法是断路器。[①]当一个组件的调用不成功时，其他调用就不再转发给该组件，也就是说，断路器将阻止调用该组件，并立即发出一条适当的错误消息作为响应。这样就可以避免系统一直等待不可用组件的响应。此外，这种方法可以防止对该组件的调用堆积起来。如果不阻止这种调用堆积，那么组件恢复可用时将不得不直接面对高负载的压力，这可能会导致它立即再次失效。断路器可与其他措施相结合，这样既能发出错误信息，又能尽量补偿组件的中断。

---

① 详见由 Michael T. Nygard 所著的《发布！设计与部署稳定的分布式系统（第 2 版）》。中译本已由人民邮电出版社出版，详见 http://ituring.cn/book/2622。——编者注

归根结底，这个理念是在组件中断时恢复为一个更简单的替代方案，而不是将中断“传递”下去。这使我们能够隔离组件的中断，例如部署期间的中断。

这使得整个系统更具弹性。最后，调用其他组件时，要假设组件并不总是可用的，有时它们就是不响应。特别是对于分布式系统来说，这种假设很有意义，因为网络可能会出现故障，或者硬件会出现其他问题，这些都可能导致组件中断。

11.4.3 状态

在部署新版本组件期间的另一个问题是组件在内存中保存的状态。通常在组件更新期间会丢失这个状态。因此，对于持续交付来说，如果可能的话，组件不应该具有任何状态。更准确地说，它们不应该具有保存在组件内存中的状态。但说到底，状态处理是大多数系统的重点，因此完全没有状态的系统没有多大意义。不过，这种状态应该保存在外部系统，比如数据库或缓存中。当然，缓存是易变的，但是只存储在内存中的组件状态不也如此吗。

这个问题也可以通过基础设施来解决。例如，一些 Web 服务器可以存储状态。在 Java 系统中用的是 HTTP 会话。然而，无须修改任何代码，HTTP 会话中的信息也可以存储在数据库或缓存（比如 memcached）中。当然，新的软件版本必须能够处理由旧版本写入的关于状态的信息。

11.5 数据库

假设系统状态保存在数据库中。若采用了持续部署，处理数据库就会成为一个挑战。如果修改了软件中的数据结构，也必须修改数据库中的模式，例如添加列或删除列。为此，必须适当地更改数据库中已有的数据。这些变更可能会影响到大量的数据，使它们很难实现。此外，任何变更都很难回滚。这是由于数据库的变更通常会涉及大量的数据，任何影响所有数据的变更都需要很长的时间，甚至在某些条件下无法完成。本质上，变更就是需要相对较长的时间。这些变更也很难测试，因为这需要一个与生产数据库类似的数据库。此外，为测试提供这样的数据库非常麻烦，所需的软件和硬件也很昂贵。

即使通过本章描述的方法可以轻松地对软件进行变更和重新部署，但对数据库的变更仍然是必须首先克服的障碍。

11.5.1 保持数据库稳定

要解决上面的问题，我们必须找到一个保持数据库稳定的解决方案。当组件需要更改数据库模式时，首先执行的是数据库的各个变更。这是独立于实际组件的发布完成的。例如，只在一周中的某一天更改数据库模式，而可以在任何一天更改各个组件。可以通过适当的测试和安全措施来保障这个变更。

当需要对数据库进行变更时，首先引入该变更，然后重新部署将与修改后的数据库一起工作的组件。通常不可能对数据库的变更进行回滚，因为这需要一个复杂的过程，就像对数据库进行初始变更一样。要安全可靠地实现和测试这个过程相对比较困难，所以这一步常常被省略。这样将数据库模式的变更与组件的变更区分开，通常相对而言比较容易回滚。当然，这也使得将变更快速发布到生产环境变得更加困难了。

最后，处理这个问题最好的方法是一种务实的做法——尽可能少地更改数据库。虽然没有实际解决这个问题，但这避免了此类问题的发生。解决这个问题肯定会更加费时费力。所以尽管这种方法看起来不是非常优雅，但实现起来并不复杂。事实上，它在许多项目中得到了成功的应用。

然而，在某种程度上，这种方法不符合持续交付的哲学，因为持续交付的基本目标是尽可能多地自动化流程并更频繁地运行这个流程。因此，通常需要几个月的发布周期被频繁的发布所替代，在许多情况下，甚至可以每天发布数次。实际上，没有持续交付的发布周期之所以会这么长，就是因为必须通过复杂的手动安全网来缓冲与传统发布方式相关的风险，正如这种处理数据库的做法。

11.5.2　数据库 = 组件

另一个解决方案是将数据库直接视为一个组件。当组件更改其接口时，它还应该支持接口的旧版本。数据库的接口即模式。因此，也必须对模式进行版本控制，更改后的模式必须仍然支持上一个版本。例如，当模式中添加新列时，任何读访问都可以忽略这一列中额外的数据。而对于写访问，数据库中必须有适当的默认值。当插入数据记录时，如果这个新列没有值，数据库就为其提供一个默认值。这确保了针对旧版本数据库模式设计的组件也可以在新模式下正常工作。当要删除一列时，一开始可以先修改模式，使该列的值变为可选的。随后，部署不再写入或读取该列的新版本软件。最后，在下一次更新数据库时，从数据库中真正地删除这一列。

11.5.3　视图和存储过程

为确保兼容性，我们还有其他的选择。例如，可以利用视图同时向组件提供模式的新版本和旧版本。

此外，也可以将模式完全隐藏起来，只允许通过存储过程来访问。如果这么做，只要存储过程中的接口保持不变，就可以不受限制地修改模式。最终，数据库实际上是一个具有自己 API 的组件，这些 API 通过存储过程提供。持久层可以说是在数据库中实现的。然而，这样的解决方案通常很难实现。

虽然这种方法实现起来比较复杂，但是它提供了向后兼容性。相比于其他组件，这对数据库来说可能更加重要，因为数据库的变更比其他组件要难得多。

11.5.4 每个组件一个数据库

不过，每个组件都有自己的数据库或至少有自己的数据库模式，从而可以缓解这个问题。在这种情况下，数据库的变更只需要与单个组件进行协调，这不仅容易得多，而且进一步降低了与数据库变更相关的风险。

11.5.5 NoSQL 数据库

模式问题是关系数据库所特有的。NoSQL 数据库在模式方面更加灵活，几乎可以处理任何结构的数据记录。因此，使用 NoSQL 数据库可以同时处理结构完全不同的数据记录。当然，仍然需要以适当的方式对数据记录予以转换，而且要遵循兼容性的规则。只要还有组件预期到了某些列的存在，它们可能就尚未从数据集中删除。尽管如此，NoSQL 数据库由于其更高的灵活性，在持续部署的场景中有着显著的优势。这些优势本身就足以推动你去使用这种类型的数据库。

11.6 微服务

微服务不仅是最近备受关注的一种有趣的软件架构方法，而且它们与持续交付具有广泛的协同作用。

微服务将系统模块化。这种模块化的特别之处在于，每个微服务都可以独立部署。比如，微服务可以是 Docker 容器，其中安装了构成微服务的软件。这些微服务一起构成了整个软件系统。为此，它们可以各自提供一部分 Web 用户界面。因此，一个系统可以由彼此具有 HTML 链接的微服务组成。或者，用 JavaScript 重新加载微服务的部分 HTML 页面，然后一起显示。这种方法是自含式系统（SCS）的基础。

或者，微服务可以通过其他微服务、其他外部系统或移动客户端使用的 REST 服务来提供服务。此外，还有提供用户界面的微服务，以及调用和实现业务逻辑的其他微服务。

11.6.1 微服务与持续交付

这种架构方法有很多优点，特别是对于持续交付来说。

- 将流水线划分为多个独立的可部署单元可以简化持续交付流水线的创建（参见 11.3 节），因为流水线没那么复杂了。同时，因为每次部署只变动一个微服务，而不是整个系统，部署的风险也降低了。
- 微服务之间可以通过适当的接口相互通信（参见 11.4 节）。接口的版本控制使微服务的独立部署成为可能。如果需要对接口进行变更，首先部署一个同时提供接口新版本和旧版本的微服务。之后才会部署所有使用新接口的微服务。最后，再删除旧接口。如果每个微服务实现一部分 Web 用户界面，那么这样的界面将是一种特例，因为微服务彼此之间不需要那么多的通信，而只需要展现一部分 Web 用户界面。因此，这种系统的实现会更加容易，因为不需要对接口进行版本控制，而且不会因此产生问题。

- 微服务应该是有弹性的。这意味着，当其他微服务停机时，它们仍然得继续工作。因此，它们要实现容错设计和弹性（参见 11.4 节）。这进一步降低了与部署相关的风险，因为单个微服务的崩溃不会影响其他的微服务。
- 至于数据库（参见 11.5 节），每个微服务应该有自己的数据。因此，微服务之间可能不会共享模式。这至少减少了与更新数据库相关的问题：只需为一个微服务更新一个数据库。同样，每个微服务可以使用自己的数据库。例如，如果在特定的上下文中有意义，一个微服务完全可以使用 NoSQL 数据库。当然，在一个微服务中使用 NoSQL 数据库的风险要比转换整个应用程序低得多。

11.6.2　借助微服务引入持续交付

因此，微服务可以很好地支持持续交付系统的架构需求。此外，可以很容易地用微服务来补充遗留系统。因此，当实现持续交付流水线对于系统来说过于费力和复杂时，可以用微服务对该系统加以补充替代，因为微服务更容易实现持续交付。对于许多项目来说，用微服务逐步替代遗留系统主要是为了实现持续交付这一目标，以及考虑到微服务补充遗留系统的可能性。因此，引入持续交付实际上常常就是引入微服务。

11.6.3　微服务需要持续交付

然而，微服务不仅仅是一个引入持续交付的好方法。基于微服务的系统由许多可独立部署的工件组成。只有当每个微服务都有一条高度自动化的持续交付流水线时，这才可行。由于可部署的工件太多，手动干预的方式太过费时费力，不再可行。特别是在部署和运维领域，微服务提出了最大的挑战。因此，持续交付对于能够使用微服务至关重要——实际上，如果没有持续交付，就无法实现微服务。

11.6.4　组织

11.2 节中介绍的软件架构不仅非常适用于持续交付，也适用于微服务：它们也支持个体责任制和自组织。微服务允许技术上的自由。每个微服务都可以在不同的平台上使用不同的编程语言实现。因此，负责特定微服务的团队几乎不需要与其他团队协调工作。这省略了协调沟通工作，因为每个团队都可以独立地做出自己的技术决策，并且可以更轻松地在不同的领域开展工作。当然，单独的持续交付流水线还可以让我们完全独立地将软件发布到生产环境。各个特性团队也将由此获益，因为他们不仅可以独立地开发特性，还可以将它们独立地发布到生产环境。

总之，微服务可以成为持续交付的一个很好的补充。

11.7 新特性的处理

通常以代码实现新特性，一旦完成实现即可部署到生产环境中投入使用。

11.7.1 特性分支

在一些项目中，为了按照特性分解工作，需要在版本控制系统中建立一些特性分支。在某个分支中开展相应特性的工作，而在其他分支中处理其他特性或修复缺陷，因此这些变更不会相互影响。这使我们可以完全解耦不同特性的实现，这样不同的团队就可以并行处理不同的任务。此外，以这种方式实现的特性与其他特性是分离开的，因此，这类特性也可以单独地发布到生产环境。

原则上，这种方法与持续部署策略是不兼容的。事实上，对于每个分支，都必须建立单独的持续部署流水线。然而，这非常费时费力。此外，这种方法没有实现持续交付的基本目标——这些分支是并行开发的，必须在某个时间点集成。各分支中的变更彼此不兼容，由此衍生出的问题在集成这些分支时才会出现。然而，持续交付流水线实际上是为了提供即时反馈。如果使用了特性分支，这种集成问题的反馈就被推迟到了集成分支之后。因此，特性分支不太适用于持续交付。

由此得出，所有开发人员都应该在一个分支上工作。然而，新特性的实现仍然存在一个问题：必须有一种机制来激活生产环境中的新特性。这些特性不是立即全部实现的，未完成的时候，还不能交由用户来使用。特性的激活通常也是一项商业决策，会得到营销活动之类的支持，因此它必须在特定的时间完成。

11.7.2 特性开关

若使用特性开关的方法，可以让大家一起开发特性并持续地集成，但只能在定义的时间点激活它们。通过一个开关来激活或关闭某一特性。因此，新特性可以随时实现并立即将代码发布到生产环境，只是尚未激活罢了。

11.7.3 优点

这种做法有很多优点。

- 实现与部署解耦。新特性的代码可以在激活该特性之前发布到生产环境。这使团队可以更轻松地面对最终期限：通常，必须在一定的期限内让用户用上某个新特性。按照传统的方法，代码必须在这个时间点（而不是更早或更晚）准确地发布到生产环境。如果使用特性开关，代码就可以在指定期限之前发布到生产环境。到了最终的截止期限，再把这个新特性激活，这么做的风险相对较低。

- 该特性也可以得到测试，只需为某些用户激活它即可。在这些测试用户的帮助下，可以检查该特性的运转是否符合预期。这并不需要一套特殊的测试环境，所以可以确保该特性实际上也在预期的生产环境上运行。当然，必须采取预防措施将测试与生产运营分离开。一方面是为了避免产生实际的影响，比如交付了用于测试的订单。另一方面，并不一定要提供与生产环境完全相同的测试环境。通常，由于成本太高，而且某些外部系统不会出现在多个版本中，因此无论如何都无法满足这样的需求。
- 特性开关还可以测试客户对新特性的喜好程度，从而有选择地为某些用户群实现特性。要做到这一点，必须为特定的用户群激活该特性，并为其他用户保持非激活状态。之后，可以调查一下这些特性是否真的产生了预期的积极影响，例如更高的销量或其他业务数据。这在技术上称为 A/B 测试。从业务的角度出发，A/B 测试非常重要。经验表明，许多软件变更并没有取得预期的效果，甚至还带来了负面影响。A/B 测试使我们可以在早期识别软件变更的潜在负面影响，并将重点放在那些有望改进业务的变更上，例如，提高销量。
- 此外，可以先在一台或多台服务器上激活新特性。如果该实现含有会导致系统崩溃之类的错误，那么就可以把影响控制在少数几台服务器上。然后，逐步在更多的服务器上激活该特性。这是金丝雀发布的一种实现（参见 7.5 节）。
- 最后，除了持续交付，特性开关还有其他的用途。例如，在某个系统停机的情况下，可以停用某个特性。然后，该特性就不可用了，但这实际上可以防止整个系统的崩溃。不过，这一点更多地与应用程序的运维相关，与持续交付的关系不大。

11.7.4　特性开关的用例

因此，特性开关能产生许多积极的影响。特性开关可以分为以下 3 种。

- 发布开关，将特性的激活与该特性中代码变更的发布日期解耦。一开始，先部署代码并禁用特性。当特性真正完成并通过测试后，再予以激活。
- 业务开关，为客户测试特性，或者有选择地只为已定义的客户组提供特性。
- 运维开关，通过禁用特性避免整个应用程序崩溃。

每个场景都存在特殊的差异，因此对这些开关的要求也有所不同。

11.7.5　缺点

特性开关也有它的缺点：它增加了软件的复杂度，因为必须区分特性的激活和禁用这两种情况。此外，除了要实现它，还必须要进行测试。

为了降低复杂度，应该尽可能简单地实现特性开关，这很有必要。例如，在 HTML 页面上不显示相应的链接就足够了，这样用户就无法访问到这个特性了。

此外，应该限制特性开关的数量。在某些情况下，只需要实现一个可以激活或禁用所有新特性的开关。或者，可以以更细的粒度实现特性开关。哪种方法最合适，取决于打算用特性开关实现的目标。例如，如果打算通过 A/B 测试评估某些特性，那么就必须为每个特性设置一个特性开关。在使用特性开关修正系统中断时也是如此。根据实际使用特性开关的方式，还需要测试特性开关的不同组合。当某些特性原则上已经经过测试，但还没有在生产环境中激活时，仍然需要检查该特性开关在生产环境中的配置，否则风险太高。有些代码变更的问题，可能只会在生产环境中使用特定的特性开关配置时出现。

应该从代码中删除不再需要的特性开关，以降低代码的复杂度。

11.8 小结

持续交付会影响软件架构，即使最初可能感觉不到。因此，在引入持续交付时，仅仅改变流程是不够的，往往也需要调整软件架构。这方面经常被忽视，从而可能成为实现持续交付的障碍。最后，除了经典的非功能性需求（如性能和可扩展性）之外，新特性的处理和部署也构成了架构、组件设计和技术选择的影响因素。

尝试和实验

- 围绕“微服务”这一主题以及它对持续交付的影响展开一些研究。
- 在你喜欢的编程语言中，有哪些可以实现特性开关的类库？这些类库有哪些优点？例如，Java 有 Togglz。

选择一个你熟悉的项目。

- 项目中可以识别出哪些组件？通常，架构文档或总体介绍有助于识别组件。
- 为了持续部署，可以使用哪种技术（例如 REST）对组件进行适当地解耦？与其他技术相比，这种技术有哪些优势？
- 哪些组件应该以这种方式解耦？注意在部署期间因为解耦和依赖关系增加的开销。
- 打算如何处理数据库模式变更？从已有的策略中选择一项。

第 12 章 总结：收益是什么

本书已经明确指出，持续交付不仅仅是基础设施的自动化和部署的优化。其实，持续交付的主要目标如下。

- **反馈**

  更快、更频繁的部署使我们能从生产环境更快地得到反馈。不同测试阶段关注的焦点也是尽可能快地提供与软件问题相关的反馈。

- **自动化**

  针对持续交付自动化测试和部署，从而实现快速反馈。

- **重现性**

  广泛的自动化使我们可以精确地重现测试结果和软件安装。

- **更容易查找错误**

  服务器和软件的所有变更都置于版本控制之下。例如，可以通过将防火墙配置恢复到先前的版本来快速撤销对该配置的变更。此外，不仅软件方面的变更是完全透明的，基础设施方面的变更也是如此。

最后，持续交付是持续集成的延续。不仅所有的软件变更都进行持续集成，还会执行全面的测试，只要软件质量足够高，就会发布到生产环境。

实现变更的速度越快，对商业就越有利。高可靠性对 IT 部门最具吸引力，因为这意味着压力更小。

目前，持续集成已成为行业标准。持续交付也很可能会同样成功，成为软件开发的例行程序。不过，持续交付影响着直至发布到生产环境的整个过程，因此比持续集成有着更加根本性的变革。

采用持续交付之后，下一步可能是改变软件架构以简化持续交付的处理（参见第 11 章）。基于微服务的架构[①]非常适用于持续交付，因为它能够减少组件的规模，从而简化流水线。

从组织的视角来看，持续交付与 DevOps 有着非常紧密的联系。然而，业务领域和部门（如市场和销售）对来自生产环境的反馈和对新特性的定义也很感兴趣。于是，精益创业和设计思维粉墨登场（参见 1.4.7 节和 10.5 节）。因此，持续交付是软件开发的一种优化，并且会产生深远的良性影响。而接下来的路，就在脚下。

① 详见由本书作者所著的《微服务：灵活的软件架构》。中译本已由人民邮电出版社出版，详见 http://ituring.cn/book/1918。——编者注

TURING
图灵教育
站在巨人的肩上
Standing on the Shoulders of Giants